Georges Blanchon

La Guerre nouvelle

Essai

 Le code de la propriété intellectuelle du 1er juillet 1992 interdit en effet expressément la photocopie à usage collectif sans autorisation des ayants droit. Or, cette pratique s'est généralisée dans les établissements d'enseignement supérieur, provoquant une baisse brutale des achats de livres et de revues, au point que la possibilité même pour les auteurs de créer des œuvres nouvelles et de les faire éditer correctement est aujourd'hui menacée. En application de la loi du 11 mars 1957, il est interdit de reproduire intégralement ou partiellement le présent ouvrage, sur quelque support que ce soit, sans autorisation de l'Éditeur ou du Centre Français d'Exploitation du Droit de Copie , 20, rue Grands Augustins, 75006 Paris.

ISBN : 978-1986481113

10 9 8 7 6 5 4 3 2 1

Georges Blanchon

La Guerre nouvelle

Essai

Table de Matières

PREMIÈRE PARTIE 7

SECONDE PARTIE 44

PREMIÈRE PARTIE

I

La guerre qui s'achève va créer un monde nouveau ; mais il est un domaine qu'elle touche avant tous les autres, celui de la technique militaire. Elle renouvelle, avec les conditions de la paix, l'art de la guerre lui-même. Il est trop tôt sans doute pour que les techniciens développent ses leçons : la parole n'est encore qu'aux rêveurs. Permettra-t-on à l'un d'eux d'évoquer parfois l'ombre du grand Jules Verne et de suivre jusqu'au bout, à l'aventure, quelques-unes des percées brusquement ouvertes devant nos yeux ?...

« Pourquoi, dira-t-on, s'occuper des guerres futures ? N'est-ce pas ici la dernière ! Désormais, l'arbitrage ne remplacera-t-il pas les conflits armés ! Si tant de pères de famille sont partis de bon cœur pour le champ de carnage, c'est avec l'idée bien arrêtée de clore l'ère sanglante et d'épargner à leur fils et aux fils de leurs fils, à tout jamais, les horreurs que nous avons dû souffrir. Il en sera des nations comme il en fut des particuliers, ajoute-t-on : dans les sociétés primitives, les intérêts individuels se débattaient par les armes ; puis sont venus les tribunaux. Nous avons déjà le tribunal des Nations ; il est à La Haye. Nous ne permettrons plus qu'on se fasse justice soi-même. L'œuvre de demain sera la formation des Etats-Unis d'Europe et la promulgation d'une loi des peuples... »

Nombreux sont ceux qui pensaient ainsi aux premiers jours de la guerre ; cette idée généreuse les a soutenus et grandis, et c'est bien ; mais ils sont probablement moins nombreux, maintenant qu'on a trop mesuré la méchanceté humaine. Si, après des millénaires d'état juridique, il y a encore entre particuliers des crimes et des violences, si le duel est encore toléré chez nous-mêmes, encore en honneur dans la « vertueuse » Allemagne, combien faudra-t-il de siècles pour qu'une nation puisse vivre sans se couvrir de son armure et ceindre son épée !...

Combien, si l'on songe que, de l'individu au peuple, l'échelle des temps croit avec celle des masses. Un siècle n'est qu'un jour dans l'évolution des sociétés. Mais pressons la comparaison : d'où est né, entre les hommes, le régime de la légalité judiciaire ? du nombre. Peut-on croire qu'il se fût jamais établi dans une petite société de quelques douzaines d'individus ? Le frein des passions est dans l'immensité du corps social. On ne supprimera jamais les ambitions, les haines, les cupidités : or, par leur seule intensité, ces puissances de mal sèment la violence, et il parait inévitable que, parmi les hommes, l'énergie soit du côté de l'injustice. C'est donc une fatalité de la nature humaine que beaucoup soient troublés par l'ambition d'un seul : contre la poussée de son emportement, contre les prestiges de son enveloppement, ils n'ont que de tièdes et pâles et vacillants petits désirs de vertu, encore traversés par les éclats de leurs propres vices. Les velléités d'ordre seront toujours d'un autre degré que les volontés de désordre ; pour annihiler une seule de ces dernières, il leur faut se mettre à mille. Comment donc cette condition si difficile est-elle assez communément réalisée, pour devenir entre particuliers la loi absolue de droit et presque la règle constante défait ? Parce que la pensée de justice est celle qui réunit les gens désintéressés. En chaque litige, ils sont foule, tandis que chaque entreprise d'injustice ne recrute que le petit groupe de ses profiteurs directs.

La paix suppose assez d'intérêts distincts pour que tout conflit international laisse hors de son remous une large majorité de témoins, qui le jugent. Elle nécessite le fractionnement de l'humanité en un grand nombre de peuples assez libres pour exprimer une opinion, assez forts pour l'appuyer, assez unis pour grouper leur action. Il suffit de faire l'énumération des grandes Puissances capables d'intervenir efficacement sur un point donné pour voir combien nous sommes éloignés d'un tel idéal.

Nous nous en rapprochons cependant ; il n'est pas interdit d'espérer en un jour futur où les conditions de la paix légale seront réunies. Nous voyons se multiplier les petits États souverains dignes de figurer dans la société des nations. Dans les Balkans viennent d'apparaître les derniers-nés du monde européen ; déjà les voici qui pèsent dans la balance de la justice. Le morcellement politique est visiblement favorisé par l'émancipation progressive des colonies, qui deviennent des personnes morales indépendantes. Rien n'est plus significatif, à cet égard, que le fédéralisme anglais, dont l'autonomie du Transvaal et le *Home rule* irlandais forment les récentes manifestations. Le peuplement rapide de la terre agit dans le même sens ; il prépare le fractionnement de certains Etats disproportionnés ; il donne du poids à des peuples neufs, comme la République Argentine, ou rajeunis, comme le Japon. Des terres naguère désertes, aussi bien que des terres endormies se lèvent peu à peu des voix et des armes pour le droit. Nous allons assister à la renaissance de la Pologne et peut-être à une désagrégation du double bloc hétérogène bâti par la force injuste des empires germaniques. La paix y gagnera autant que la liberté.

C'est un acheminement. Mais, quand bien même il suffirait à rendre possible dès demain une législation internationale impérative, il est peu vraisemblable qu'on en voie sortir, du premier coup, un ordre stable et définitif. Par quelles convulsions ne faudra-t-il pas passer avant d'établir une loi sur les peuples, qui soit obéie par les forts comme par les faibles 1 Attendons-nous à des craquements formidables dans l'édifice de paix. Plus les conflits seront entravés, plus ils deviendront violents : les forces de désordre s'accumuleront sous la contrainte, comme celles d'une vapeur comprimée en vase clos. Nous avons aujourd'hui le spectacle de deux immenses partis, qui englobent presque la totalité des populations européennes ; mais on verra quelque jour le monde se déchirer en deux moitiés ; toute la terre sera en feu.

Aussi bien, l'ère des tribunaux ne clôt pas le règne de la violence. Il fait seulement des armes un monopole réservé à la police. Et chacun sait que l'armée a son rôle de police : l'emploi légal de la force, le droit de tuer s'étendent donc, le cas échéant, à beaucoup d'entre nous. La guerre disparût-elle, qu'il resterait, rien que pour maintenir la paix entre les citoyens, non seulement des gendarmes, mais des soldats et des canons. Entre nations, il en sera de même : il faudra des sanctions, une « force publique, » une armée du droit ; il faudra mettre à la raison les récalcitrants ou se tenir prêt à le faire ; il faudra garder en main les puissances de destruction et conserver l'art de la guerre avec ses derniers perfectionnements, pour que les exécuteurs de la loi restent à hauteur des progrès secrètement poursuivis par les peuples malfaiteurs.

Laissons donc là de dangereuses illusions : on reverra la guerre ; il faut la préparer. Et l'on a, par suite, les plus graves raisons de chercher à prévoir vers quelles formes nouvelles elle évolue.

Un premier trait frappe les yeux : la généralisation de l'état de guerre. Les coalitions des temps passés comprenaient un petit nombre de belligérants. Cette fois-ci, deux empires germaniques, bientôt recrutant la Turquie, se sont adjoint déjà la Bulgarie, et nourrissent l'espoir d'entraîner la Grèce, la Roumanie, peut-être la Chine. De notre côté, aux trois grandes Puissances levées à l'appui des Serbes et des Belges, sont venus s'ajouter d'abord le Japon, puis l'Italie. Le Portugal s'est un instant trouvé dans le conflit ; la Perse, foulée par l'invasion turque, y prend une part détournée. Et ces peuples demi-libres, l'Egypte, le Canada, l'Australie, la Nouvelle-Zélande, et l'Inde même, les Arabes d'Algérie et nos admirables Sénégalais combattent pour une cause qui semblerait ne les toucher que de bien loin.

Ce caractère d'extension politique ne paraît pas occasionnel. Il résulte de ce que la guerre actuelle est née, et probablement toutes les grandes guerres futures naîtront d'une lutte entre deux principes d'intérêt général. Ainsi le veut, plus encore que le progrès de l'idée d'arbitrage, qui élimine les moindres causes, l'enchevêtrement des intérêts matériels par-dessus les frontières : car la guerre fait trop de ruines, même chez le vainqueur, même chez les spectateurs, maîtres de l'opinion universelle, pour être déchaînée par caprice.

L'extension politique s'aggrave d'une extension géographique. On peut dire qu'aujourd'hui l'Europe entière est à feu et à sang. Mais la mobilisation d'une Puissance d'Extrême-Orient comme le Japon, l'entrée en jeu des Etats-Unis d'Amérique, à laquelle on a pu s'attendre, le concours volontaire des colonies anglaises font de notre guerre une affaire intercontinentale. On s'est battu dans toutes les parties du Monde. La lutte navale s'est étendue à la plupart des Océans. Des opérations accessoires ont eu lieu à terre en Asie, en Afrique et en Océanie.

Il n'est pas interdit de penser que les peuples jeunes, qui se développent par tout le globe, qu'ils soient indépendants ou liés par le lien colonial à des nations aînées, se trouveront d'autant plus nécessairement poussés dans les conflits futurs que leurs formes d'activité plus diverses et leurs intérêts plus étendus au dehors leur permettront de moins en moins de se tenir à l'écart des questions communes à l'humanité civilisée.

Il n'y a plus de place pour les indifférents. C'est ce qui résulte avec évidence des faits. Voyez la situation de la Hollande. Il lui serait difficile de regarder avec détachement un combat où son existence, en dépit de sa neutralité, est doublement engagée. Le triomphe des empires de proie signifierait la fin prochaine de son indépendance, et on ne le lui laisse pas ignorer. On parle déjà des beautés d'une union douanière, qui serait le commencement de l'absorption. Comment le conquérant prussien, maître de la Belgique et se donnant pour but la défaite de la marine anglaise, respecterait-il cette enclave dans ses côtes ? Le plus curieux est que, dès maintenant, par le seul fait des hostilités, les sources de vie du pays ont été si profondément troublées que les populations ne subsistent que par le bon vouloir des belligérants. Ce bon vouloir n'est pas toujours sans restrictions. L'Angleterre a dû prendre des mesures spéciales pour laisser passer sur mer les vivres indispensables à la nourriture du peuple hollandais et les matières premières que réclame son industrie. Les sous-marins allemands, moins soucieux des intérêts neutres, coulent des bateaux hollandais. L'existence de certains neutres n'est donc plus qu'une existence précaire. Ils n'évitent qu'à demi les maux de la guerre. C'est une raison qui les déterminera plus aisément à en courir tous les risques pour en avoir du moins les profits.

La position des Pays-Bas est exceptionnelle. On pourrait en dire autant de la Suisse, qui subit des inconvénients analogues. Mais le Danemark, la Suède et la Norvège ne sont pas sans en éprouver de leur côté. L'exemple le plus frappant est donné par les États-Unis. Ce n'est pas seulement la liberté de leur commerce qui a été mise en jeu par la piraterie allemande, c'est aussi la vie de leurs nationaux. Comme ils sont une grande Puissance assez forte pour traiter d'égale à égale avec l'Allemagne, assez fière pour défendre ses prérogatives, les questions se sont posées pleinement. La difficulté de rester neutre est apparue aussitôt.

Elle ne résulte pas, comme on pourrait le croire, d'un pur accident, mais de la nature des choses. Il est fatal que le commerce maritime prenne sans cesse plus d'importance et que le blocus maritime devienne un des principaux moyens d'abattre l'adversaire. Et il n'est pas moins fatal que les bateaux sous-marins servent à atteindre un commerce dont la continuation est si nécessaire. Ils offrent pour cotte tâche des facilités sans égales, dont les marines mal pourvues de cuirassés ne voudront pas se priver. Aucune convention internationale ne parviendra à arrêter sur ce point un peuple bien décidé à tout faire pour triompher ; on ne lui arrachera jamais des mains, sinon par la force, une arme qui peut être mortelle pour ses ennemis, et dont il n'a rien à craindre lui-même. Compter sur l'effet des protocoles est se payer d'illusions. Le jour où l'on fait appel aux armes, c'est qu'on s'en remet à la force comme unique loi. Les principes moraux n'admettent point de partage : celui d'entre eux qui l'emporte se subordonne tous les autres et ne se laissera pas mettre en échec sur son terrain essentiel. La guerre nouvelle est trop réfléchie pour qu'il faille s'attendre à des demi-mesures.

Si le blocus par sous-marins doit être considéré comme inévitable, nous devons aussi envisager ses conséquences. Il comporte l'impossibilité de conduire les prises en lieu sûr et peut-être celle de les visiter. Il faut s'attendre à des accidents de tous les jours vis-à-vis des neutres. Le sous-marin rend possible un blocus à la fois très étendu et parfaitement incontrôlable. Il conduit par-là presque fatalement à la prétention de fermer au commerce des mers entières. Ainsi, l'on ruine les pays qui se laissent intimider ; et, pour les autres, si le courant maritime ne s'interrompt pas, on multiplie les forceurs de blocus qui s'exposent à être coulés. Déjà les navires belligérants eux-mêmes portent presque toujours des marchandises ou des passagers neutres, qui sont menacés. La qualification de contrebande de guerre s'étend sans cesse à de nouveaux objets. L'Angleterre a dû y englober tout le commerce allemand, porté par navire neutre, même à destination neutre apparente, par exemple les marchandises acheminées vers le Danemark ou la Suisse. L'enchevêtrement des intérêts privés par-dessus les frontières est tel qu'on ne peut empêcher un mélange perpétuel des nationalités les plus diverses sur tout ce qui sert d'instrument aux transports outre-mer. Encore la mer est-elle aisée à garder parce que la circulation commerciale s'y fait en surface ; le bateau sous-marin, lui non plus, ne s'écarte pas sensiblement de la surface. Les mêmes problèmes se poseront bientôt sous une autre forme, et avec de nouvelles complications, par l'achèvement de la conquête de l'air. Quand l'aéroplane mènera passagers et marchandises, nous aurons le blocus aérien. Comment y départager les droits des neutres et des belligérants dans la rapidité d'une action qui n'admet point de stationnement ?... Dans les conditions que lui font la technique des armes nouvelles et la vie moderne, une guerre n'est donc plus un accident local, un mal restreint ; elle devient une crise générale de l'humanité.

II

De là, l'importance prise par les forces morales. De tout temps, elles ont beaucoup compté, mais leur rôle avait autrefois de plus étroites limites. Les facultés morales mises en jeu étaient moins nombreuses et plus proches des réactions instinctives, presque animales. L'évidence des intérêts les plus immédiats, la chaîne d'une stricte obligation poussaient citoyens et soldats contre des obstacles non déguisés. A des situations autrement complexes, il faut maintenant de plus subtils instincts, des principes plus abstraits et tout un travail interne de la conscience publique. La victoire se gagne d'abord sur un théâtre immatériel, dans l'opinion. C'est la cause des efforts faits par les belligérants pour convaincre l'univers de leur bon droit. Rappelons-nous la propagande acharnée des Allemands jusque chez nous. Ils ont dépensé des trésors d'ingénieuse activité pour prouver qu'ils étaient les victimes d'un guet-apens, et que c'était la Belgique qu'il fallait tenir pour responsable de ses propres malheurs. Pendant longtemps, notre négligence à répondre à leurs factums nous a nui dans l'esprit des neutres. Ces derniers peuvent trop aisément favoriser l'un des combattants, rien que par leur aide financière ou par le commerce et la contrebande des particuliers, pour qu'on ne coure pas de gros risques en se privant de leurs sympathies ; or la considération du droit y prend d'autant plus de part que, moins directement intéressés dans le conflit, ils sont des juges plus impartiaux. Ces sympathies préalables seront parfois suivies de conséquences décisives le jour où les intérêts finiront par être atteints, soit qu'elles entraînent la nation neutre dans les hostilités, soit qu'elles la retiennent au contraire. On n'a pas oublié les interventions successives du roi de Roumanie et du roi de Grèce, appuyées l'une et l'autre sur une fraction de l'opinion. La propagande germanique leur avait préparé cet appui.

Il existe, à vrai dire, deux ordres d'arguments, et celui qu'invoquaient, avec le roi de Grèce, certains officiers de son armée ou certains personnages de son entourage politique visait sans doute moins le bon droit de l'Allemagne que sa puissance militaire. Donner la conviction qu'on ne mérite aucun reproche est une victoire morale ; donner l'impression qu'on sera le plus fort en est une autre. On gagne autant de cœurs par la crainte que par l'admiration ; la réprobation en fait perdre autant que le mépris. Nos adversaires n'ont négligé aucun des moyens d'agir sur les âmes. A les entendre, ils défendent leur existence nationale menacée par une abominable coalition, et ils la défendent non seulement avec un succès ininterrompu, mais par les procédés les plus humains, contre des ennemis sans foi ni humanité.

Cet incessant plaidoyer a fait l'objet d'un véritable système offensif, déployé à grands frais sur toute la surface du monde civilisé, par l'intermédiaire d'agences officielles ou clandestines. A côté des commerçants, les diplomates allemands le plus haut placés y ont tenu leur rôle, de concert avec les hommes de paille recrutés à tous les niveaux de la société cosmopolite. On a acheté un très grand nombre de journaux, on a créé des organes nouveaux en Suisse, en Italie, en Hollande, en Roumanie, dans les deux Amériques, au Danemark, en Pologne, en Belgique, et même sur le territoire français envahi.

Il ne s'agit pas uniquement de persuader les neutres, il s'agit aussi et avant tout d'ébranler ou de soutenir, d'enflammer ou de troubler le moral des combattants. C'est chez soi d'abord qu'il importe de faire croire à son innocence, à la pureté de ses intentions, à la continuité et à la portée de ses victoires, à la certitude de son triomphe. Par ces temps où l'opinion règne, même dans les pays où le gouvernement est le moins démocratique, on ne peut susciter un effort public sans l'assentiment général. Il faut demander, outre les sacrifices sanglants du champ de bataille, tant de choses touchant à la vie de tous et de chaque jour ! De l'argent d'abord ; puis une gêne de tous les actes, une restriction de toutes les libertés quotidiennes. C'est la réquisition des denrées et des métaux, la destruction du bétail, l'obligation du pain de guerre, etc. La nécessité de convaincre est plus évidente encore s'il s'agit des soldats : on ne se bat de bon cœur ni pour une cause injuste, ni pour une cause perdue.

Le poids des forces morales étant si lourd dans la balance, naturellement on vise à en alléger le plateau adverse autant qu'à en charger le sien propre. Il s'agit de jeter dans la masse du peuple ennemi le découragement, pour qu'il se propage jusque dans son armée et pour que la voix publique réclame la paix à tout prix. On mesure à cet effet la formule des communiqués officiels ; on fait passer des nouvelles insidieuses par le circuit des pays neutres. On tente d'utiliser les vieilles amitiés privées, qui servent de prétexte à des correspondances tendancieuses, avec prière de faire lire autour de soi. On organise en sous-main des pétitions de mères contre la prolongation du carnage. On joue de toutes les cordes. C'est que jamais la guerre n'a tant été l'œuvre de la nation entière ; c'est qu'elle ne s'est jamais tant faite avec l'âme.

Et sans doute, n'a-t-elle jamais demandé tant à l'âme. Qui donc annonçait que dans la douceur de la civilisation les courages s'amolliraient ? Parole de pessimiste, bien contredite par l'événement. Il est douteux qu'en aucun temps on ait vu lever pareille moisson d'héroïsme. La preuve en est faite par des milliers de lettres, de récits, de rapports officiels, par les citations à l'ordre du jour, par le spectacle quotidien de ces centaines de mille héros répandus parmi nos deux ou trois millions de soldats en armes. Les d'Assas sont légion. Ces traits qu'on n'inventerait pas et dont un seul fait l'honneur d'une époque, foisonnent autour de nous. Heure et race sublimes ! Mais nos alliés et nos adversaires donnent, eux aussi, de nombreux exemples d'un courage égal à celui des plus beaux soldats de tous les temps. Non ! la guerre nouvelle n'est pas celle de cœurs efféminés par le bien-être. Rien n'autorise à croire que l'avenir sera moins fertile en héroïsme que le présent. Il est vraisemblable, au contraire, que l'humanité se surpassera toujours.

Nous ne voyons point, aux colonies notamment, que la barbarie soit la condition du vrai courage. Elle accompagne souvent la violence ; mais le primitif, le sauvage sont, en un sens, des êtres faibles. Quand il s'agit de résister à la peur, d'accepter le sacrifice, de braver la faim, la soif, la fièvre, l'inconnu, de repousser toute idée de recul en dépit des plus écrasantes disproportions, quand il faut de l'entrain, de la fermeté d'âme et de la volonté, un Européen des villes vaut plus qu'un nègre, fils de la brousse. L'éducation des salons, des livres ou des laboratoires lui a fait une âme plus riche et plus vigoureuse que n'auraient pu faire les forêts vierges. L'empire du cerveau sur le corps est un fruit de la civilisation : sans doute il croît avec le développement de la vie cérébrale.

Quand nous avons appelé sur notre frontière des contingents coloniaux, Marocains belliqueux, Gourkas de l'Inde, élevés en guerriers dès l'enfance, et qu'il a fallu les jeter sous l'effroyable déluge de fer et de feu qui ravage nos tranchées, on ne les a pas sentis capables d'affronter de prime abord les terreurs du champ de bataille, comme nos ouvriers raffinés des faubourgs. On a dû les acclimater lentement au bruit du canon et aux surprises de la guerre nouvelle. Des civilisés sont seuls trempés pour la lutte contre dos civilisés.

Il y faut des nerfs d'acier. Mais leur résistance ne saurait résulter d'une insensibilité passive. Fût-on sourd et aveugle, qu'on percevrait, par tout son être, l'ébranlement des obus qui éclatent. L'impassibilité de nos soldats est une vertu active ; un instant de leur calme immobile représente une victoire intérieure remportée par une ardente volonté. « Ce que nous avons fait de plus difficile, écrit l'un d'eux, ce n'est ni une marche, ni un assaut, ni une prise de village, ni la défense d'un bois ; et cependant notre bataillon en compte dans son journal de route !...) C'est d'être restés vingt-trois jours et vingt-quatre nuits de suite à recevoir des balles et des marmites *sans bouger*, au Nord d'Ypres. La musique n'arrêtait pas un instant : une gamme variée de *dzinn* ! qui tapent sur les nerfs et hérissent la peau ;... les grosses bombardes vous secouant si fort que la mâchoire et tous les muscles en sursautent pendant quelques minutes. On a vu des hommes, arrivant au front pour la première fois, pris de panique à chacun de ces éclatements formidables ; bientôt pourtant ils dominent leurs impressions. Au milieu de ce tonnerre et parmi les cadavres et les mourants, ils sont mieux qu'impassibles, ils sont gais. C'est la plaisanterie aux lèvres, qu'ils se lancent dans l'ouragan de fer et de bruit ; ils rient à la mort ; leur élan, comme leur esprit de sacrifice, comme leur maîtrise d'eux-mêmes viennent des sources les plus hautes, d'un idéal très épuré, d'un profond sentiment du droit, d'une représentation précise et complexe des problèmes internationaux. C'est leur conscience de citoyens qui fait leur héroïsme.

Elle donne à cette guerre un caractère particulier de désintéressement individuel. Dans des temps anciens, les armées ont été composées le plus souvent d'esclaves enrôlés de force, qui n'avançaient que par obéissance. Notre histoire a connu les bandes mercenaires, puis le soldat de métier, récompensés par le carnage et le pillage, ou par l'avancement et la paye. Enfin, vint l'ère de la nation armée. Mais là encore, combien d'actions d'éclat inspirées par un désir de gloire ! Au cours des dernières guerres européennes ou coloniales, on ne manquait pas de publier avec mille détails circonstanciés les noms des généraux vainqueurs, ceux des officiers, des corps de troupe qui s'étaient distingués. La lutte actuelle fut d'abord presque entièrement anonyme : personne ne songeait à s'en plaindre. Nous devons ignorer sur quel front sont nos parents mobilisés, et quels chefs les commandent. Les hauts faits portés à l'ordre du jour n'ont été qu'une faible part de ceux qu'on y pourrait inscrire, et ils précisent le moins possible. Plus d'un parmi nos héros, décrivant ce qu'il a vu d'admirable autour de lui, afin qu'on le sache en France, ne veut ni désigner les acteurs, ni se nommer lui-même. Les intérêts pour lesquels on meurt sont trop supérieurs aux petites ambitions personnelles pour qu'on n'ajoute pas ce sacrifice aux autres. Si grand qu'il se sente, l'individu disparaît dans la Patrie.

Les combats n'ont plus la forme des journées retentissantes d'autrefois, qui prêtaient au décor de la gloire. Un chef, tout empanaché, entouré de son brillant état-major, arrivait à cheval, le matin, sur le champ de bataille, et, dès avant le soir, la face du monde était changée. Le généralissime était un homme qui se bat. Il joignait l'auréole du courage physique à celle des conceptions soudainement inspirées. Toute son armée évoluait, s'engageait, triomphait sous son regard. Il suivait lui-même, à la longue-vue, chaque épisode de l'action et le coup d'œil du génie saisissait la victoire au passage, en plein soleil. Notre généralissime, à nous, est le chef d'une grande entreprise, comme un patron d'industrie ou un directeur d'administration. C'est un homme de bureau, qui au besoin travaillerait de Paris, en une chambre bien close, les pantoufles aux pieds. Il compulse des états, il reçoit des rapports et signe des papiers. Son instrument est le téléphone. Sa bataille dure des jours quand ce n'est pas des semaines. Il ne la voit que sur la carte, son héroïsme est celui d'un politique, fait de froide confiance, de volonté réfléchie et du courage des responsabilités. Les vertus du général comme celles du soldat se rapprochent de la simple activité du citoyen ; leur gloire ressemble à une gloire civique. En réalité, la renommée, qui ne s'attache plus aux guerriers comme au temps de l'*Iliade*, aux chevaliers comme au Moyen Age, ou aux capitaines comme dans les guerres d'ancien régime, ne marque même plus les noms des grands organisateurs émules des Carnot et des Moltke. Aucun rôle individuel n'attire la lumière. L'héroïsme est celui d'une collectivité ; l'honneur de la préparation revient à des assemblées inspirées par des groupes politiques et par un corps électoral.

Il y a des sacrifices plus difficiles à réaliser que celui de la vie, le sacrifice par exemple de nos préférences et de nos passions. Si nos combattants ont su renoncer à la récompense suprême de la gloire, pour s'effacer dans l'égalité d'une discipline anonyme, nos partis politiques ont de même compris le devoir patriotique : ils ont accepté spontanément « l'Union sacrée. » Ils ont fait trêve à toute division, à toute discussion, à toute controverse irritante. De l'antimilitarisme d'avant la guerre il ne reste plus trace. Tout a été subordonné au salut public. C'est d'ailleurs un trait commun aux divers belligérants. En Angleterre, la révolte de l'Irlande, qui paraissait inévitable, s'est effacée comme par enchantement ; libéraux et unionistes collaborent sans une divergence apparente. En Allemagne, les socialistes ont donné au pouvoir militaire leur appui sans restriction. L'union des cœurs a permis, en Russie comme chez nous, de porter le fer dans la plaie de l'alcoolisme. Le phénomène est trop général pour ne pas résulter de causes indépendantes de notre situation propre.

Il y a un siècle, remarquons-le, dans les guerres de la Révolution et de l'Empire, ni l'ivresse des conquêtes, ni l'horreur des invasions n'avaient réussi à produire en France la même unanimité. Il s'était toujours trouvé des partis pour appeler, et qui plus est pour favoriser le succès de nos ennemis. A quoi tient la différence ? Certainement, à l'évolution de la vie sociale sous l'influence des progrès matériels. On peut mettre en évidence des rapports de deux ordres au moins. Si chaque peuple se serre autour de son drapeau, aujourd'hui plus qu'autrefois, c'est qu'il se sent plus profondément menacé par la guerre. La conquête a pris un sens nouveau, depuis que la culture savante et l'intense exploitation du sous-sol ont donné aux territoires convoités une valeur jadis inconnue. Être conquise, alors, c'était, pour une province, changer nominalement de maître, mais non de vie profonde. C'était une conquête politique, non économique ni sociale. La population restait sur place, telle quelle. Elle continuait à peu de chose près son existence antérieure. De nos jours, avec la mobilité des gens et des capitaux, avec le surpeuplement des pays européens, les habitants des régions annexées doivent s'attendre à être évincés ou exploités. Ils seront atteints dans leur condition privée, dans leur propriété, dans leur race. Leur commerce sera, de force, tourné vers un autre horizon, leur langue sera proscrite, parce que tous les éléments de la production rentrent dans des ensembles nationalisés. Le développement des communications a produit la liaison fatale des intérêts par grandes masses. Le vainqueur ne se contente pas de s'adjoindre le vaincu, il le dévore. Et justement l'appât d'une proie si profitable excite l'esprit de conquête. A ne se point défendre, on sait qu'on risque bien autre chose qu'une humiliation : un démembrement.

Depuis le siècle de la Révolution, il y a eu un grand fait : la politique des nationalités. Elle résultait du sentiment très puissant des liens de race. La race a pris, dans le monde nouveau, une personnalité, une réalité qu'on n'avait jamais connues. N'est-ce pas là l'effet de la solidarité nouvelle créée ou rendue sensible par mille rapports qui manquaient à la vie ancienne ? La facilité des transports et celle des correspondances ont entraîné, par contre-coup, une nécessité de relations multiples et d'incessants échanges de pensée. Le paysan de jadis vivait isolé sur sa terre. Le monde se bornait pour lui à l'horizon de ses champs. Il produisait sa subsistance. Mais notre cultivateur lui-même est devenu un commerçant, obligé d'acheter et de vendre, de s'enquérir et de participer à des groupements ; il voyage, il lit ; il est autrement enraciné dans le milieu social. Le reflux de tous les sentiments publics traverse son âme chaque jour au simple dépouillement du journal. La conscience de sa vie dans la nation est entrée en lui pour jamais.

Quoi qu'il en soit, la cohésion, la concentration morale des nations belligérantes semble un des caractères des guerres nouvelles. Elle les pousse vers une concentration politique traduite par la constitution de grands ministères groupant les partis opposés. Les gouvernements ainsi formés reçoivent du consentement commun des pouvoirs étendus. Le terme logique d'une telle évolution est un recommencement de la dictature antique. On sait que cette magistrature, instituée pour les heures de péril national, était à la fois absolue et éphémère. Ainsi équilibrée, l'institution put être efficace sans produire la tyrannie. Quelle forme nos mœurs politiques donneraient-elles, le cas échéant, à une dictature ? Nous avons vu celle de Gambetta en 1870. Elle reposait sur son éloquence de tribun. Elle a galvanisé la France. C'est par la maîtrise d'une volonté individuelle unique que les puissances internes d'une nation peuvent le mieux être rassemblées en leur entier et mises en œuvre, sans déperdition, jusqu'au bout.

III

Il faut ici donner aux termes leur rigueur absolue. Ce sont bien toutes les forces vives du pays qui sont absorbées par la guerre. Le chemin parcouru depuis un demi-siècle est significatif. En 1870, la France avait mobilisé 800 000 hommes, l'Allemagne 1 500 000 : aujourd'hui, les chiffres sont probablement de 4 millions chez nous, de 9 millions chez nos ennemis, soit plus du quart de la population mâle. Le petit peuple serbe, qui compte à peine 3 millions d'habitants, a pu entretenir en ligne des armées de 500 000 hommes. Les enfants sont levés dès dix-huit ans, les hommes jusqu'à quarante-sept ou quarante-huit ans ; ils le sont jusqu'à cinquante ans en Autriche. Au total, dans ces quelques mois, environ 27 millions d'Européens ont déjà été appelés sous les armes. A ce seul chiffre, on s'aperçoit que l'expression de « nation armée » a cessé d'être une figure outrée pour se rapprocher de la réalité stricte.

Mais ce n'est là qu'une partie des forces dont guerre fait emploi, la partie seulement la plus apparente. Autrefois, l'armée suffisait à presque tous ses besoins avec son personnel militaire : maintenant, d'énormes services publics sont militarisés et travaillent pour elle. D'abord, les chemins de fer : la mobilisation et la concentration initiale de nos troupes ont, à elles seules, nécessité des milliers de trains. Chaque mouvement : avance, recul ou déplacement latéral, met à contribution les voies ferrées. Les transports de l'arrière : vivres, munitions, renforts, blessés, les occupent en permanence, non seulement dans la zone du front, mais jusqu'au cœur du pays. Il y a donc tout un personnel adjoint à l'armée pour ses transports par voie ferrée. Une autre catégorie analogue est constituée par le service sanitaire. Dirigé de haut par les médecins de l'armée, il emploie avec un personnel proprement militaire, un personnel demi-civil, atteignant des effectifs considérables, en particulier dans les hôpitaux auxiliaires. C'est ainsi qu'on y trouve des chirurgiens locaux, non mobilisés, des infirmiers ou aides bénévoles et les dames de la Croix-Rouge. Nous rencontrons un troisième exemple dans la fabrication du matériel de guerre. Celle qui s'exécute dans les arsenaux publics est dévolue à des ouvriers parfois militarisés, dont le nombre s'accroît fortement pendant les hostilités. Mais les arsenaux sont fort insuffisants. On a fait, dans tous les pays belligérants, le plus large appel à l'industrie privée. D'après un article de la *Thurgauer Zeitung* le nombre des ouvriers de Krupp, à Essen, serait passé, depuis l'ouverture des hostilités, de 42 000 à 60 000. Tout ce qui est atelier mécanique ou usine chimique, tout ce qui peut être transformé en l'un ou l'autre, a été ou réquisitionné, ou sollicité de travailler pour l'armement national. On fabrique partout des fusils, des projectiles, des outils pour creuser les tranchées, du fil de fer barbelé, des automobiles, des aéroplanes, des vêtements militaires, des conserves pour l'armée, etc.

Il y a, par conséquent, à côté des mobilisés, un immense peuple de travailleurs non seulement payés, mais souvent dirigés par la guerre, indispensables à son succès, consacrés à une tâche nationale. Ceux qui n'étaient pas soumis à des obligations militaires, soit comme hors d'âge, soit en vertu de leur état de santé, sont appelés à collaborer à la défense volontairement, au même titre, par exemple, que les étrangers. Toutefois, les pouvoirs publics, officieusement, et les organisations corporatives, de leur autorité privée, exercent au besoin une pression sur ceux qui feraient preuve de trop peu de bonne volonté.

En Angleterre, M. Lloyd George a dû organiser, avec l'aide des *Trade-Unions*, un recrutement intensif de l' « armée industrielle. » A Londres, des centaines de bureaux sont ouverts dans l'hôtel de ville et les Bourses du travail. Les ouvriers qui s'enrôlent s'engagent à travailler sous la direction du gouvernement, pendant une période de six mois, là où il les enverra, et à reconnaître, pour toute infraction aux termes de leur engagement, la juridiction d'un tribunal spécial, qui vient d'être créé par la loi d'enrôlement. En outre, une autre loi prescrit l'inscription sur un registre national de tous les hommes aptes à servir, de façon qu'on puisse requérir leurs services, soit pour porter les armes, soit pour concourir à la production du matériel de guerre.

La société, menacée, peut, en effet, en arriver à réquisitionner le travail, car une production immense devient une nécessité publique. La question est bien simple et parfaitement claire pour les ouvriers déjà mobilisés, renvoyés du front dans leurs usines. Ceux-là, en reprenant leur outil professionnel, restent en service commandé : ils ne cessent pas d'être militaires : des militaires à l'état latent, comme dirait un physicien.

Faute de prévoir à quels chiffres énormes monterait, en particulier, la dépense en projectiles, nous avions négligé « d'organiser dès le temps de paix la fabrication auxiliaire qui les concerne. Même les arsenaux de l'Etat avaient calculé beaucoup trop étroitement la partie à conserver dans leur propre personnel. Il a donc fallu faire revenir du front un grand nombre de leurs ouvriers ; mais c'est bien autre chose encore lorsqu'on veut équiper à nouveau les usines privées. Or, les techniciens expérimentés dans tous les divers ordres indispensables à la guerre : ingénieurs, directeurs d'usines, contre-maîtres, ouvriers spécialistes, chirurgiens civils, radiographes, etc., sont désormais plus utiles dans l'exercice de leur spécialité que le fusil en main. Ce qui a été fait pour les employés des chemins de fer doit être imité pour dix autres métiers, où les hommes devraient, dès la déclaration de guerre, *quel que soit leur âge*, être mobilisés dans leur profession et affectés sans délai à un emploi tirant le meilleur parti de leurs capacités. Cela suppose l'établissement préalable d'un rôle de mobilisation concernant l'ensemble des industries auxiliaires de la défense nationale. Ayant omis cette précaution, on a été contraint de rechercher et de renvoyer à l'arrière, après beaucoup de temps perdu, les gens le plus évidemment nécessaires. On s'est efforcé de remplacer les autres. L'opération s'exécuta très imparfaitement, et les conséquences en pèsent encore sur nous. Il est par-là bien prouvé qu'en face des consommations de matériel qu'imposeront de plus en plus les guerres futures, on ne peut échapper à une extension du service obligatoire, englobant l'armement industriel des usines.

On ne s'en tiendra pas là. Quelque désir qu'on en ait, on se trouve obligé de lier à la guerre, d'une façon de plus en plus étroite, une foule d'actes de commerce. C'est par un intense courant d'importation que l'État entretient ses stocks de vivres et de matières premières. Il s'adresse, pour la plupart de ses commandes, à des entreprises privées, avec lesquelles il conclut, le plus souvent, des contrats à longue échéance. Il est de son intérêt de laisser à leur disposition les hommes dont elles ont besoin pour le servir. Les inscrits maritimes engagés pour la navigation commerciale n'ont pas été rappelés sous les drapeaux. L'Etat ne se contente pas de faciliter le recrutement du personnel, et, en cas de nécessité, de le fournir lui-même ; il assure par ses flottes de guerre, même hors des eaux nationales, la protection des bateaux de commerce. Après leur avoir fixé, avec ses commandes, le programme de leurs voyages et de leurs chargements, il dicte aux armateurs les règles de sécurité à suivre pour échapper aux dangers. Il groupe les navires en convois, leur donne même, comme en Angleterre, des canons contre les sous-marins, etc. Il exerce sur les armateurs une tutelle d'autant plus minutieuse que leur matériel est un instrument plus précieux de son approvisionnement direct. D'ailleurs, beaucoup d'entre leurs navires sont réquisitionnés. L'industrie des transports maritimes est presque entièrement absorbée par le service public. On sera amené à imposer un régime analogue à d'autres industries, comme celle des mines. L'Etat, prenant la haute main sur leur effort de production, qui conditionne les opérations de ses armées, en fait en quelque sorte un prolongement de ses services militaires. Aussi voyons-nous déjà les coups des sous-marins allemands ne plus distinguer entre bateaux de guerre et bateaux de commerce. Et la destruction des mines et des usines fait visiblement partie intégrante de la stratégie nouvelle, pour laquelle elle devient un but. On vise partout à détruire les récoltes ou à razzier les provisions des contrées envahies. Ainsi les paisibles occupations du commerce et de l'industrie sont volontairement arrachées à la sphère des intérêts privés que respectait autrefois la guerre, pour être jetées avec les biens et les personnes dans la tourmente dévastatrice.

Tout entretient la confusion. Il n'y a plus rien de strictement privé. Comme il faut nourrir les armées et la population civile, les vêtir, les chauffer, les soigner, les abriter, toutes les sources de production, les unes après les autres, entrent dans le domaine national. Pour pouvoir soutenir plus longtemps que l'adversaire le poids de la lutte, il importe de conserver un certain nombre de marins pêcheurs, d'éleveurs de bétail, de cultivateurs, etc. Il faudrait donc que les rôles fussent d'avance exactement distribués, chacun ayant sa tâche et sa consigne dans tous les métiers essentiels comme dans l'armée mobilisée.[1] Le jour où l'un des pays en conflit aura fait l'effort d'organiser ainsi complètement l'aménagement de ses ressources humaines, il en tirera une telle capacité de résistance que ses rivaux devront l'imiter, sous peine d'infériorité mortelle.

La même nécessité a pour conséquence un régime nouveau du matériel, tant matériel d'outillage que matières premières. La réquisition, avec mobilisation, des voitures, des chevaux, des automobiles, des aéroplanes sera doublée d'une réquisition sur place des machines aptes aux fabrications utiles, ainsi que des stocks de blé ou de farine, des dépôts de sucre, de charbon, de métal. Tout cela est plus ou moins inauguré en Allemagne. Pour commencer, une ordonnance du 24 août 1914, complétée par une autre du 15 octobre, oblige tous les commerçants ou producteurs à déclarer en tout temps les quantités en leur possession ou sous leur garde, celles qu'ils doivent livrer ou qui doivent leur être livrées ; et cela s'applique à tous les articles utilisables pour la guerre, ainsi qu'aux matières et objets qui servent à leur fabrication" : en particulier aux produits de première nécessité employés pour l'alimentation des hommes ou des animaux, ainsi qu'aux produits bruts du sol, combustibles, matières éclairantes, etc. Le 2 février, en reproduisant, cette obligation avec les menaces de perquisitions et les pénalités qui en sont la suite, une autre ordonnance décrète la saisie et l'expropriation générales de tous les stocks et approvisionnements en cuivre, nickel, étain, aluminium, antimoine, plomb et alliage. En vertu de cette saisie, la propriété des matières en question passe entre les mains de l'Etat ou d'une société intermédiaire créée par

---

1 Le général allemand commandant la région de la Westphalie et du Rhin inférieur a invité les établissements où l'on travaille pour l'armée à se conformer aux deux règles suivantes : Il est interdit 1° de donner du travail à tout ouvrier qui aura quitté son patron pour gagner davantage ; 2° de proposer un emploi à des ouvriers occupés dans un autre des établissements visés.

lui, la Société des métaux de guerre. Le détenteur précédent en conserve la garde provisoire jusqu'à réquisition effective.

Pour les fourrages, les mélasses et tous les produits d'agriculture ou d'industrie servant à l'alimentation du bétail, intervient une série de prescriptions analogues. On établit la saisie de l'avoine et de l'orge et l'interdiction d'aucun mouvement commercial concernant ces fourrages, sinon par l'intermédiaire de la *Société pour l'alimentation de l'armée*.[1] Les autres matières alimentaires utilisées pour le bétail ne pourront être vendues qu'à la Société d'approvisionnement des cultivateurs allemands, et chacun sera astreint à faire connaître à celle-ci, pour chaque catégorie, les quantités disponibles et celles qui sont indispensables au producteur pour sa consommation. La Société, de son côté, ne pourra livrer de produits qu'aux associations communales et aux offices désignés par le chancelier de l'Empire, qui seront chargés de faire la répartition locale suivant les besoins. Enfin, toutes les céréales qui peuvent concourir à la nourriture de l'homme en entrant dans le pain sont interdites pour l'alimentation du bétail... D'ailleurs, par ordonnance du conseil fédéral, en date du 19 juin 1915, tous les contrats faits par des particuliers pour acheter des produits de la prochaine récolte en blé, seigle, orge, sucre, etc., sont déclarés nuls. Tout le riz doit être réservé à la *Société centrale d'achat*, etc.

Un article important, les pommes de terre, donne lieu à des règlements spéciaux, débutant dès le 5 août 1914 par la centralisation obligatoire, entre les mains d'une société privilégiée, de tous les produits de pommes de terre séchées.[2] Ces règlements sont nombreux ; ils touchent à la fois à la question du bétail et à celle du pain. Cette dernière est celle qui a provoqué les mesures les plus retentissantes. On rend d'abord obligatoire le mélange d'au moins 30 p. 100 de seigle dans tous les pains de froment, puis de 10 pour 100 et de 20 pour 100 de farine de pommes de terre dans les pains de seigle. En outre, on impose aux boulangers des heures de travail et des restrictions de vente. Les communes ont reçu mission de surveiller et de rationner la consommation individuelle. Elles

---

1 Mesures analogues pour les graines oléagineuses, le 15 juillet 1915.
2 Le 12 avril 1915 est créé un office impérial pour le ravitaillement en pommes de terre, et il a droit de préemption sur tous les marchés en cours.

ont pour cela distribué les fameuses cartes de pain, et il n'a pas été permis de consommer plus de 225 grammes, puis 200 grammes de farine par tête, ce qui correspond, avec l'addition de fécule de pommes de terre, à environ 3 livres et demie de pain par semaine. Une ordonnance du 28 juin « saisit » toutes les céréales panifiables, au profit des communes.

On a encore limité la production du sucre et celle de la bière ; on a centralisé le commerce du malt ; on a fait le recensement et la déclaration du bétail et spécialement des porcs, et après en avoir réquisitionné une partie pour nourrir l'armée et la population, on a décidé de sacrifier une certaine proportion du reste, soit 30 pour 100 des porcs au commencement de juin, afin d'éviter la perte des matières consommables qu'il aurait fallu consacrer à leur nourriture.

Au total, tous les commerçants et producteurs et un grand nombre de particuliers ont été soumis à l'inspection et à la réquisition des agents du pouvoir public, en ce qui concerne la plupart des matières de première nécessité. On est passé chez eux, allant de ferme en ferme et de boutique en boutique, on leur a pris ce qu'on a voulu, en leur laissant, sur leurs provisions, les quantités variables et arbitraires estimées nécessaires à leur consommation personnelle ou à celle de leurs animaux. Là où l'on n'a pas cru devoir ordonner des saisies, pour le cuivre des ustensiles de cuisine, pour l'or, pour le caoutchouc, etc., on a provoqué l'apport bénévole de tous les approvisionnements disponibles. L'Etat ou les organes intermédiaires créés par lui se sont donc vus chargés d'une concentration formidable de matières, et d'une répartition universelle.

Si ces conditions, nouvelles dans leur rigueur, ont été poussées plus loin en Allemagne qu'ailleurs, cela tient au blocus commercial presque complet qu'a subi ce pays et à l'énergie particulière avec laquelle on y a voulu mener la lutte d'usure. Mais cela n'en fait pas, autant qu'on pourrait le croire, une exception. Les Alliés, tout en continuant à jouir de la liberté des mers, ont cependant éprouvé une gêne sensible pour se réapprovisionner de certaines denrées et de certaines matières premières. A côté du risque de disette complète, qui menaçait nos ennemis, il existe pour tout belligérant un risque de disette relative et une élévation fatale des prix qui retentissent et sur son activité intérieure et sur ses capacités financières. Or, les guerres sont longues. Les progrès scientifiques, quoi qu'on en ait dit, ne les raccourcissent pas. Il semblerait plutôt qu'ils dussent les prolonger. Le succès sera le résultat de toutes les activités nationales portées à leur plus haut point d'intensité et de durée. Toute négligence, tout défaut d'organisation, qui ralentira la production d'une industrie importante ou qui diminuera, avec les réserves financières du pays, son aptitude à soutenir longtemps la guerre, l'atteindra dans ses meilleures chances de triompher. Ceux qui sauront éviter ces défauts l'emporteront, tôt ou tard ; il faudra donc, bon gré, mal gré, que leurs émules les imitent. La guerre est une forme de concurrence ; elle obéit à la loi générale, et le premier qui emploie un procédé plus efficace oblige tout le monde à suivre. C'est pourquoi l'on ne peut douter qu'en poursuivant son évolution naturelle jusqu'au bout, la guerre devrait conduire quelque jour à la complète absorption des activités pacifiques individuelles dans l'action publique de salut national.

IV

Nous allons aboutir au même terme par d'autres voies et constater que la conclusion s'étend des actes et des biens aux personnes. Ce n'est pas seulement la production et le commerce, c'est-à-dire le côté public de la vie privée, qui rentrent dans le faisceau public, c'est aussi le domaine strictement privé, les libertés du consommateur, l'état des personnes, enfin leur disposition d'elles-mêmes. Le rationnement, la composition réglementée du pain, l'interdiction de nourrir le bétail avec certains produits, concernent déjà le premier de ces trois points. On a fortement engagé les ménagères allemandes à changer de fond en comble leurs menus et leurs procédés de cuisson. La contrainte a même fait son apparition : il a été, par exemple, défendu, en Allemagne, de manger des saucisses au déjeuner. Nous avons connu pour notre part quelques effets du rationnement : nos détaillants ont été astreints à ne pas vendre à la fois plus d'une quantité donnée de telle ou telle denrée à la même personne. Il fallait limiter trois fléaux dangereux : le gaspillage, l'accaparement, l'immobilisation. Quand on voudra serrer de plus près l'emploi raisonné des diverses ressources consommables, on sera amené à des mesures plus strictes. De plus en plus souvent, l'intendance ou les pouvoirs locaux auront à assurer la subsistance, au moins partielle, des populations. Cela ne se fera qu'au moyen d'un rôle administratif de distribution.

La réglementation des personnes n'a guère été généralisée chez nous que dans la question des passeports. Mais ceux-ci dérivent d'un fait qui a et doit avoir de bien autres conséquences : l'espionnage. On sait l'importance prise par cette espèce d'empoisonnement du corps national. On englobe dans l'espionnage des actes qui ne consistent pas seulement à renseigner l'ennemi, mais encore à lui prêter main-forte en travaillant secrètement soit à détruire les ponts, voies ferrées, ouvrages d'art, usines, bateaux et autres pièces d'outillage matériel du pays infesté, soit à en ruiner les forces humaines par la diffusion d'un poison moral, intellectuel ou même physiologique. L'espionnage a préparé en temps de paix devant nos citadelles des plates-formes bétonnées pour les gros canons allemands, et, dans nos carrières, des réduits pour les régiments du Kaiser. Cette guerre aura révélé la puissance d'une savante organisation d'*avant-guerre*.

Au moment de la mobilisation, les tentatives faites contre nos chemins de fer n'ont pas réussi ; mais elles pouvaient entraîner de graves retards. Toutes nos mesures semblent avoir été connues, en Allemagne, dès leur préparation, et souvent aussitôt qu'elles étaient décidées. On a vu dans les récits des combattants les innombrables procédés employés par les espions allemands sur le front pour indiquer aux observateurs ennemis l'importance et les mouvements de nos troupes ou rectifier le tir des leurs. Lumières aux lucarnes, signaux conventionnels dessinés par les vêtements étendus ou par les fenêtres fermées, inscriptions à l'intérieur des volets, subitement tournées vers le dehors, silhouettes formées par des attelages d'un laboureur de contrebande, etc., etc., toutes les ruses traîtresses ont servi. On a trouvé des installations de télégraphie sans fil dissimulées parfois de la façon la plus ingénieuse chez nombre de suspects. Les Italiens n'en ont-ils pas découvert une dans l'autel d'une petite église du Trentin, où le desservant lui-même l'avait cachée !

Les affiches de sociétés allemandes vantant leur pacifique produit portaient des marques destinées à guider les troupes d'invasion ou à préciser certains détails topographiques. Dans chaque localité où

PREMIÈRE PARTIE

arrivaient les envahisseurs, ils étaient guidés par quelque ancien employé des principales maisons de commerce de l'endroit, par quelque contremaître ou quelque ingénieur des usines locales, reçu en ami, parfois des années durant, jusqu'au jour de la mobilisation. Ces gens allaient droit aux notables, connaissaient leurs ressources, leur situation, désignaient les chevaux dans leurs écuries, le vin dans leur cave. L'espionnage s'était infiltré dans toutes les cellules du pays. Il nécessite donc dès le temps de paix, mais surtout en temps de guerre, une surveillance extrêmement étroite. Toute surveillance est une discipline : elle suppose et une connaissance des individus, représentée par des formalités et des papiers plus ou moins compliqués, et une direction au moins négative qui leur est imposée. Et, quand la surveillance se précise encore, la direction, de négative, devient positive : à des obligations de ne pas faire se substituent ou plutôt s'ajoutent des obligations de faire. Chacun, pour reconnaître les siens, leur demande des preuves : aux simples mots d'ordre et de ralliement de la précaution militaire se joignent les marques extérieures de l'embrigadement, les servitudes de cohésion.

Les Français mobilisables ou paraissant tels ont été priés de ne pas sortir dans les rues sans pièces d'identité. Un régime analogue serait facilement appliqué à tout le monde, hommes et femmes, adolescents et vieillards.[1] On conçoit encore assez bien la constitution d'un nombreux personnel de vérificateurs, en grande partie bénévoles ; il pourrait rendre vraiment efficace une surveillance restée chez nous, jusqu'ici, à l'état embryonnaire. Mais la « reconnaissance » et l'identification des suspects ne suffisent pas : il faut centraliser les renseignements, les rapprocher, en faire usage ; il faut les interpréter localement et leur donner une sanction locale. C'est toute une organisation qui mène, suivant une pente naturelle, au groupement de la population dans les mailles d'un réseau hiérarchisé. Le même besoin de distinguer, au sein de la masse nationale, les éléments étrangers non assimilés des éléments autochtones ou réellement acquis, a fait réviser le statut des naturalisés. On tend à dissiper toutes les confusions de noms qui prêtent à de vieux Français une apparence tudesque ; on tend à lier à l'initiative de naturalisation une francisation du

---

1 On a proposé le livret civique individuel, avec photographie et empreinte digitale.

nom patronymique : on va au renforcement de la caractéristique nationale par tous les moyens, et en particulier par une sorte de nationalisme des désinences vocatives qui équivaut, sur un autre plan, à l'uniforme des divers corps de troupes.

La vie privée est encore atteinte dans le secret des correspondances postales. En temps de guerre, les prétentions du cabinet noir sont unanimement acceptées : on sent qu'elles répondent à une nécessité publique. On a même retardé systématiquement et parfois supprimé les lettres ; on a empêché, avec grande raison, les combattants de faire savoir à leur famille où ils se trouvaient. A ces obstacles mis à l'échange des idées, on a joint des entraves à la circulation des personnes, surtout dans la zone des armées, mais aussi en quelques points importants de l'intérieur.

Ainsi la protection des intérêts publics rend nécessaires des emprises de plus en plus étendues sur les libertés particulières. La protection des intérêts particuliers concourt au même résultat. Une partie de la France est envahie ; voici des réfugiés qui s'enfuient de leurs villages. Les pouvoirs locaux, qui leur ont fait évacuer les localités menacées, dirigent leur émigration vers des régions où il faut les répartir. On doit leur donner un abri provisoire, trouver des refuges, subvenir aux besoins de ceux qui n'ont pas les moyens de se suffire. Il importe d'en savoir le nombre et de connaître exactement leurs capacités de travail, afin de les utiliser avec les moindres pertes possibles. Il y a là un service qui, pour faire face à des nécessités inopinées, aura avantage à établir des cadres préalables. Il faudrait, par profession et par commune, savoir l'effectif des travailleurs non mobilisés, et posséder des renseignements précis sur les places à leur donner dans les régions de l'intérieur.

Nos législateurs viennent d'admettre un droit nouveau, celui de tout civil, victime de la guerre, à une compensation. C'est du fait de la nation qu'il a été exposé à souffrir dans sa personne ou dans ses biens. C'est elle qui a été frappée en lui. Il a payé parfois sa fidélité au drapeau. La dévastation des armées est une sorte de réquisition qui ne doit pas être gratuite. Les habitants des zones de combat y sont seuls soumis, ou à peu près. C'est un fléau qui les atteint alors qu'ils couvrent les autres de leur corps. La solidarité nationale veut qu'ils soient indemnisés de leurs pertes et que tout citoyen supporte sa quote-part des ruines entraînées par une guerre dont il partage le bénéfice. De là une action publique d'expertise et de contrôle, de secours et de juste réparation, mais aussi un droit et un devoir de direction. Car si l'Etat prend la responsabilité des dégâts, il lui faut tenir la main à certaines précautions. L'attitude des populations l'engage désormais en quelque mesure : elle l'engage matériellement, puisqu'il paiera, et elle l'engage moralement par voie de conséquence.

En réalité, dans toute contrée occupée par le front, la population est prise en étroite tutelle par les troupes. Elle peut de moins en moins conserver une vie indépendante. Les vivres et ressources, quels qu'ils soient, sont entièrement réquisitionnés. Le bois sert à étayer les tranchées ; les portes mêmes sont démontées pour les couvrir, les chaises emportées pour les meubler. Les civils doivent être nourris par l'armée. Ils ne sont pas maîtres chez eux. Leurs maisons deviennent des ouvrages de défense, exposés non pas à une simple fusillade, mais à la destruction complète par l'effet des projectiles de grosse artillerie. Bon gré, mal gré, ils se trouvent enveloppés dans l'action militaire. Ils en souffrent comme les soldats ; ils y collaborent derrière eux. Car, à la réquisition, s'ajoute la corvée. Pour creuser des tranchées de repos, aménager des routes ou des voies de chemin de fer, enlever et incinérer des cadavres, battre le blé, le transporter, on fait appel à la collaboration bénévole ou forcée de la main-d'œuvre locale. Inversement, l'autorité militaire donne aux ouvriers incorporés des congés pour les travaux urgents et parfois prête des équipes aux cultivateurs. Le peuple désarmé prend naturellement sa place dans le prolongement des cadres propres au peuple en armes.

Songez maintenant à l'étendue des fronts ; comptez les provinces qui sont traversées simultanément par cette immense zone de dévastation large d'une trentaine de kilomètres, puis celles que recouvrent successivement son avance ou son recul : la loi d'airain pèse sur des peuples entiers.

Elle opprime encore de façon permanente de vastes espaces parfois éloignés du front et qui sont les régions envahies. Là aussi, le civil est jeté par force dans la guerre, mobilisé et incorporé, en dépit des théoriciens du droit, dans une sorte de régime semi-militaire. Nous voyons les Allemands traiter tout le monde plus ou moins en franc-tireur. La soumission la plus pacifique n'empêche pas les pauvres villageois belges d'être internés, mutilés, fusillés, expatriés. La population civile à l'arrière des lignes allemandes, écrit le « témoin oculaire » qui suit l'état-major britannique, est littéralement réduite en esclavage ; et, en échange de son travail, elle reçoit des rations militaires, sans lesquelles elle mourrait de faim. On oblige les hommes à prendre du service dans l'armée allemande. Les maisons sont brûlées. Les femmes et les enfants, tantôt poussés devant les troupes sous le feu de l'ennemi, tantôt contraints à des travaux forcés à l'usage du vainqueur, tantôt envoyés en captivité à des centaines de lieues, ne sont pas frappés moins durement que s'ils avaient vraiment porté les armes. On les accuse de tout ce qu'on veut : le trouble du moment ne permet pas la preuve individuelle. Une discipline, en hiérarchisant les responsabilités, y maintiendrait la clarté nécessaire ; pour protéger les populations, il serait plus efficace de les enrégimenter. Les corps réguliers, pourvus d'un statut militaire, sont les mieux garantis de l'arbitraire ennemi.

L'inscription des non-combattants sur des rôles, leur assujettissement à une discipline plus précise que la simple autorité de police qui les régit actuellement, leur affectation à des travaux à leur portée, mais obligatoires, leur utilisation pour toutes les besognes accessoires dont les combattants pourraient être déchargés, ne présentent pas d'impossibilité. Une mobilisation de ce genre comporterait évidemment une grande majorité de gens mobilisés dans leur maison et dans leur métier. Mais elle mettrait en œuvre énormément de forces aujourd'hui perdues et mal employées. Elle épargnerait au pays un gaspillage de ses puissances d'action qui en annihile la plus grande part. Aujourd'hui que les questions de matériel prennent une influence prépondérante, un système capable de développer dans une proportion considérable la production d'approvisionnements, de vivres, de munitions, de canons, d'automobiles, d'avions, etc., pourrait suffire à assurer la victoire.

Il semble d'ailleurs que l'effectif même des combattants en devrait être augmenté. Dans cet effort de tout son être accompli par la nation qui ne veut pas périr, les dévouements passent les bornes anciennes. Bien des postes jadis réservés aux combattants

PREMIÈRE PARTIE

sont sollicités et seraient occupés avec avantage par des faibles, vieillards ou enfants, ou même par les femmes. Alors que celles-ci se sont, en un certain sens, virilisées, les tâches militaires ont, au contraire, souvent évolué vers des formes moins brutales. Tout n'y consiste pas à tuer. Nos soldats emploient beaucoup de temps à creuser et à bâtir. Il y en a qui gardent les voies ; d'autres conduisent des automobiles, accompagnent des convois, recensent et administrent des magasins, tiennent des écritures, préparent des repas. On trouverait des femmes aptes à remplir ces offices et désireuses de s'y consacrer. On en a trouvé. A Londres, des femmes se sont exercées, dans un certain nombre d'établissements fermés, comme le Crystal palace, sous la direction d'officiers, à diverses besognes militaires. Celaient, dit-on, principalement des suffragettes. Elles ont été embarquées pour le Havre, réparties entre plusieurs compagnies, de 590 femmes chacune. Elles remplacent les signaleurs, téléphonistes, télégraphistes, estafettes, vaguemestres, automobilistes, brancardiers, etc., jusque sur le front. Le patriotisme des femmes n'a, nulle part, été inférieur à celui des hommes, et si quelques-uns de leurs emplois nouveaux les exposaient au danger, nul doute qu'elles ne sachent mourir elles aussi.

Ce qu'elles savent ou peuvent le moins, c'est tuer. Mais là encore, il y a des cas individuels, et, à côté des femmes il reste nombre d'hommes âgés ou d'adolescents que la guerre appellera quelque jour, parce qu'elle réclame de moins en moins de dépenses musculaires, et qu'il ne lui faut plus, bien souvent, que des mains adroites, des sens aiguisés, un cerveau alerte, toutes choses compatibles avec le jeune âge. Les plus formidables engins de mort finiront par être d'élégantes machines, mues par des manettes légères ou d'innocents robinets ; le doigt d'un enfant pourra les conduire. Sur nos monstrueux cuirassés, un effort de femme suffit à pointer les canons des plus gros calibres ; en appuyant sur un bouton, on met en mouvement toute la tourelle ; et un tour d'une petite roue infléchit la marche du navire entier.

Il n'est donc pas possible de rêver à l'avenir lointain de la guerre sans entrevoir nos arrière-descendants, tous debout dans un sacrifice plus complet que le nôtre, animés par un héroïsme prodigieux et soutenus par une stricte et universelle discipline, chacun à son rang et à sa fonction réglée d'avance. Saisi par la réglementation et par l'autorité publique dans ses biens, dans sa personne, dans celle de tous les siens, assujetti à tous les instants de la vie, lui, sa femme, ses enfants et tous ses proches comme autant de soldats sous les drapeaux, le civilisé aura momentanément aliéné sa liberté d'homme et de citoyen. Il portera volontairement le poids de l'absolutisme dictatorial superposé à une sorte de socialisme patriotique. Comme une masse brusquement solidifiée, le peuple entier ne fera plus alors qu'un bloc devant le bloc ennemi.

V

Laissons ce travail interne, encore fort incomplet, qui caractérise désormais l'état de guerre et passons aux manifestations extérieures de ce dernier, les opérations. On a cru impossible qu'elles durent longtemps. On a prédit que les peuples, épuisés par l'effort gigantesque de la mobilisation, ne résisteraient pas plus de quelques semaines à l'arrêt de la vie industrielle et commerciale. L'événement n'a pas confirmé ces pronostics.

Pourquoi la guerre serait-elle courte ? Aux temps très lointains où l'agriculture était à peu près le seul travail, les guerres pouvaient se prolonger indéfiniment. Elles ne trouvaient leur terme nécessaire que dans l'extinction d'un des partis, lorsque tous ses combattants avaient été tués ou emmenés en esclavage. Le matériel militaire, réduit à quelques espèces d'armes blanches, ne s'usait pour ainsi dire pas. Et quant aux substances ou ustensiles indispensables à une vie extrêmement simple, ce n'était guère l'affaire des hommes. Il suffisait d'une brève interruption dans les combats pour prendre soin des récoltes : les femmes et les enfants pourvoyaient au surplus.

La vie civilisée nous met moins à l'aise pour supporter l'état de guerre. Une grande partie des complications qui la constituent exigent beaucoup de conditions qui sont alors difficiles à réaliser. Chacune des mille jouissances ou commodités quotidiennes devenues nécessaires aux hommes résulte d'un concours de nombreuses activités pacifiques. Elle nous échappe si un seul de ses éléments vient à manquer, parce que des ouvriers sont partis, ou que des usines sont occupées militairement, endommagées, détournées de leur travail ordinaire, etc.

On se passe de bien des choses : il y en a dont on ne saurait se passer. On peut, en quelque sorte, rétrograder vers un état antérieur de civilisation, là où il ne s'agit, après tout, que de se priver de quelques agréments personnels. Mais la victoire repose sur les mêmes moyens que le bien-être ; et ses exigences, à elle, sont irréductibles. On sacrifierait sans peine, par exemple les trains de villégiature ; mais il faudra toujours des trains de troupes, et, dès lors, tout ce que suppose l'exploitation des chemins de fer.

Pour ce qui concerne les hommes, on n'en est plus aux massacres du temps jadis. En dépit des apparences, les combats deviennent moins meurtriers, à mesure que les armes sont plus terribles. Nos obus font surtout des blessés, dont la plupart reviennent au feu au bout de quelques semaines. La tendance sera toujours de pousser la dépense en moyens matériels jusqu'aux limites extrêmes, afin d'obtenir les résultats nécessaires en épargnant les vies humaines. On cherche naturellement à préserver le personnel au prix du matériel. Ce dernier sera donc souvent le premier à bout.

La durée des guerres modernes semble ainsi devoir être limitée, dans un certain nombre de cas, par l'épuisement des ressources accumulées d'avance dans l'un des pays belligérants, sous forme ou de produits tout élaborés, ou de matières premières, ou de moyens de production, ou enfin d'argent et de créances qui permettent d'acheter ce qu'on n'a pas. Mais une erreur générale a été commise dans l'appréciation des trois grands facteurs influant par là sur la prolongation des hostilités : on n'a estimé assez haut ni la consommation prodigieuse de matériel et de valeurs résultant de la guerre, ni l'élasticité de nos besoins, ni surtout l'immensité des ressources d'une grande nation. Ces ressources, sous les trois formes que nous avons vues, s'accroissent très vite avec la civilisation. Le capital amassé, sur chaque point de nos vieux pays, en provisions, en objets d'usage, en matériel producteur, en réserves financières, dépasse l'idée qu'on s'en faisait, quand on cherchait à calculer la résistance des peuples. D'une part, donc, la vie commune est moins troublée, après une année de guerre, que ne s'y fussent attendus les optimistes eux-mêmes. D'autre part, on s'accommoderait de privations faisant des différences bien plus grandes que jadis et nous ramenant presque au même degré de dénuement ; car l'homme, sous ses habitudes nouvelles, n'a pas tellement changé.

Si les facteurs économiques surajoutés sont impuissants à terminer la lutte, il faut en revenir au facteur essentiel, à l'homme lui-même. Il faut attendre l'épuisement physique d'un belligérant. Les combats, nous l'avons dit, sont moins meurtriers qu'aux temps anciens. On s'égorgeait, on exterminait le vaincu. Une journée anéantissait une armée. Nous avons moins de victimes à proportion de l'effectif engagé et de la durée du combat ; mais l'un et l'autre se sont accrus extrêmement. Des millions d'hommes se tiennent face à face, et l'on se bat tous les jours quelque part. Une bataille dure cinq ou six semaines. On a calculé que les Austro-Allemands, sur leurs deux fronts, perdent près de dix mille hommes par jour. Si beaucoup ne sont que blessés, leur mise hors de combat est bien souvent définitive, ou aussi durable que la guerre. On arrivera par suite, forcément, à une disproportion des forces, qui ne laissera plus à l'un des deux adversaires aucun espoir de résister. Mais on voit que cela peut être long. Des trois éléments de lutte : le nombre, le matériel, le terrain, ce dernier paraît être aujourd'hui celui qu'il est le plus aisé de conserver, aussi longtemps que les deux autres n'ont pas trop baissé. La puissance actuelle de la défensive est la vraie raison de la longue durée de la guerre. Elle permet de garder jusqu'au bout, avec le sol national, tous les moyens d'action qui s'y reproduisent. Les guerres courtes sont celles où le front, comme une balance délicate, est sensible à la moindre inégalité des forces, et où celle-ci se traduit par un grand recul du plus faible. Dans la lutte éternelle entre la protection et le projectile, après des alternatives opposées, l'équivalence s'est toujours rétablie entre eux. Rien ne laisse prévoir si l'un des deux l'emportera définitivement. Dans ce cas seulement, l'une des deux formes de la guerre s'imposerait à jamais : le triomphe complet de la défensive signifierait guerres interminables, celui de l'offensive guerres foudroyantes. L'un correspond à un équilibre stable, l'autre à un équilibre instable, que chaque inclinaison précipite avec plus de violence à sa chute.

Rien n'autorise donc à supposer que les guerres futures seront nécessairement plus brèves que celle d'aujourd'hui. Grâce à l'arbitrage et à un judicieux pacifisme, les conflits superficiels se résoudront probablement sans effusion de sang. Il ne restera que les différends profonds, que n'écarterait aucun artifice. Ce seront d'âpres compétitions. La grandeur des intérêts en jeu, l'ardeur des passions, la puissance matérielle des alliances opposées en feront des luttes de géants, poussées à fond et menées jusqu'au bout.

Un caractère nouveau, qui contraste avec l'efficacité médiocre de l'offensive et avec la prolongation des hostilités, est l'extrême mobilité des opérations. Malgré l'énormité des masses mises en œuvre, les mouvements sont rapides et les changements incessants. Les campagnes semblent en perpétuel recommencement. Ces reprises jadis étaient plus lentes et plus difficiles : maintenant, les transports mécaniques permettent de mobiliser et de concentrer en quelques jours, quelques semaines au plus, des moyens considérables sur un théâtre tout nouveau. On ramène de l'intérieur des renforts se chiffrant à millions ; on dégage par une offensive divergente une affaire mal engagée ; on tâte l'adversaire successivement partout, et l'on revient à la charge quand on a détourné son attention : c'est une escrime avec ses feintes, ses parades, son agilité.

Les forces se reproduisent, elles sortent du sol presque aussi vite qu'elles se déplacent. Le plus prodigieux n'est pas leur mouvement, mais leur renaissance et leur entretien. Car le chiffre brut des effectifs ne donne qu'une idée incomplète des choses ; il faut le multiplier par celui des besoins auxquels on doit pourvoir. Chaque homme emploie à tour de rôle tant d'armes et d'outils, consomme tant d'espèces de projectiles, nécessite des approvisionnements si variés qu'il donne du travail à tous les corps de métier. L'armée elle-même fait de tout. Image de la nation dont elle rassemble la fleur et qu'elle tend à absorber en entier, elle vit de toutes les vies à la fois. La plupart des activités pacifiques y trouvent leurs correspondantes, non seulement les professions proches de la matière ou du monde animal, comme celles des boulangers, bouchers, conducteurs de troupeaux, éleveurs de chiens, cuisiniers, cordonniers, tailleurs, charrons, forgerons, mécaniciens, menuisiers, terrassiers, maçons, électriciens, chimistes, télégraphistes, photographes, etc., mais plusieurs de celles qui touchent intimement à l'homme et s'élèvent de son corps jusqu'à son âme, depuis l'art dentaire et l'humble métier de pédicure jusqu'au ministère religieux des aumôniers, en passant par le service des postes et la médecine, par le journalisme, le professorat et la judicature. L'existence militaire englobe un trop grand nombre d'hommes venus de partout, elle les retient trop longtemps et les met à trop de besognes pour n'être pas un résumé de moins en moins incomplet de l'existence totale du pays.

Aussi, l'armée se décompose-t-elle en un nombre croissant de corps et spécialités. C'est la loi commune des industries de se subdiviser ; mais ici la diversité reste dans l'unité. Ce provignement tient à plusieurs causes durables qui n'ont certainement pas produit tous leurs effets. Le nombre seul permettrait déjà et appellerait la division du travail. Pour l'approvisionnement, en particulier, les raisons sont les mêmes que dans les autres industries productrices : économie, rapidité. Le progrès matériel qui habitue au confortable et le porte jusque dans les tranchées, est aussi cause de certaines complications. La plupart sont cependant imputables aux armes nouvelles.

Chaque fois qu'apparaît un nouveau moyen de tuer, les bonnes âmes s'attendent à voir la guerre se rendre impossible elle-même par son excès de destruction ; et souvent les techniciens annoncent pour un jour prochain l'élimination des armes anciennes. Mais les fusils s'ajoutent aux sabres et aux lances, les bombes aux boulets, les mitrailleuses aux baïonnettes, les avions aux trains blindés, les sous-marins aux cuirassés, sans que l'homme renonce à aucun des instruments de mort que la science met successivement en ses mains. C'est miracle que les arcs et les flèches aient passé d'usage. Frondes, catapultes et feux grégeois viennent de renaître sous des formes seulement plus redoutables. Nous n'avons pas moins de cinq succédanés de la cavalerie, si l'on compte à ce titre, avec les troupes cyclistes, celles qui équipent les autos de guerre, les ballons captifs, les dirigeables et les aéroplanes de reconnaissance. L'artillerie de terre s'échelonne depuis la mitrailleuse et le lance-bombes, en passant par le 75 mm., jusqu'au mortier de 420 mm., en douze ou quinze calibres pour chaque armée. Nos types de bateaux vont du chalutier à vapeur, porteur de cinq ou six hommes, au super-dreadnought, qui en renferme plus de mille. A la télégraphie et à la téléphonie traditionnelles s'ajoutent les deux sans fil, etc. On a distingué les différentes spécialités par des insignes de diverses sortes et dernièrement par des brassards : la liste en comprend chez nous une soixantaine de variétés principales : c'est un vrai

PREMIÈRE PARTIE

petit dictionnaire.

Une armée représente donc, outre les hommes, un nombre immense d'objets de mille sortes. Chaque unité complète forme un microcosme. Quelques individus : des mitrailleurs avec leurs pièces, l'armement d'un canon, suffisent à constituer un centre où convergent de grands courants de munitions, d'ordres, d'efforts. L'effectif humain n'est qu'un minime résumé. Entre cent mille soldats du premier Empire et le même chiffre des nôtres, il y a la distance de la diligence au train rapide : les deux forces n'offrent point de proportion.

Et cependant les effectifs se sont accrus au-delà de toute attente. La dernière des grandes guerres, celle de Mandchourie, avait opposé des armées d'environ 150 000 hommes au début, 350 000 à la fin. En 1870, notre armée du Rhin devait réunir 250 000 hommes contre 390 000 Allemands. Quatre ans auparavant, la victoire de Sadowa avait été remportée par 300 000 Allemands sur 250 000 Autrichiens. La Révolution et l'Ancien Régime livraient combat avec des armées d'une cinquantaine à une centaine de mille hommes.

Déjà, pourtant, Napoléon, devançant son époque, avait cherché à pousser le nombre à ses extrêmes limites. Il avait conçu la Grande Armée. Il avait fait mieux. Si, d'ordinaire, il n'agit pas avec plus de 100 000 à 200 000 hommes, on a dit qu'en 1812 il en avait rassemblé plus d'un million. En réalité, il n'opéra pas avec plus de 650 000. Et c'était déjà plus que n'en peut commander directement un seul chef. Il aboutissait donc à la conception moderne des groupes d'armées. Malgré son génie, il ne put jamais coordonner de pareils ensembles : la machine était trop lourde pour le levier dont il disposait alors. Il avait dépassé les conditions matérielles de son temps.

Depuis un siècle, le progrès a marché. Les groupes d'armées s'articulent sans peine, se tiennent, jouent simultanément, grâce au télégraphe, au téléphone, aux chemins de fer, aux autos, aux ballons. C'est le commandement, au contraire, qui reste au-dessous des possibilités actuelles. Si bien qu'on n'avait pas prévu la mise en campagne de masses de plus de deux millions d'hommes. Nous comptions n'avoir à supporter que le choc de 20 ou 21 corps d'armée allemands de l'active, augmentés de 3 ou 4 corps de réserve, alors que 33 corps et 9 divisions de cavalerie ont opéré contre nous dès le milieu d'août 1914. Plus tard, on nous en a opposé plus de 50. D'après des relevés russes de juin 1915, les armées germaniques du front oriental comptaient à ce moment 45 corps allemands et 26 autrichiens. Au total, on a pu estimer à 2 millions et demi l'effectif de chacun des deux peuples de soldats qui se sont affrontés sur le théâtre occidental, à près de 3 millions chacun de ceux qui ont lutté sur le front russe. Ces énormes ensembles se décomposent en armées d'environ 200 000 ou 250 000 hommes. Chaque parti en présente une dizaine au moins, sur un même front, et elles s'y articulent elles-mêmes en groupes d'armées, par deux, trois ou quatre. La fameuse phalange Mackensen, qui a reconquis la Galicie sur les Russes, se composait de 10 corps d'armée, disposés symétriquement : deux corps en première ligne, puis l'artillerie massée en trois lignes : artillerie légère, obusiers de campagne, artillerie lourde ; puis G corps d'armée en trois lignes, deux par deux, couverts par des flancs-gardes ; enfin une réserve de deux corps. Au total, près de 400 000 hommes pour un front d'une vingtaine de kilomètres : 20 hommes par mètre courant.

Avant tout autre progrès matériel, on pourrait déjà réaliser des coordinations plus vastes encore. On entrevoit le synchronisme des opérations alliées par-dessus un pays comme l'Allemagne. Resté un peu vague dans la guerre actuelle, il pourrait devenir tout à fait précis. Il se trouvera sans doute des hommes capables de tirer parti des moyens scientifiques déjà acquis pour obtenir des effets autrement puissants que ceux où s'essayent nos stratèges. On n'est qu'à l'aube des mouvements de masses. Ces effets ne se mesurent pas seulement au nombre des hommes concourant à la fois à la même combinaison stratégique, mais aussi à l'ampleur d'autres concentrations : celle du matériel d'abord. Notre offensive de mai autour de Notre-Dame-de-Lorette était préparée, dit-on, par 1 100 pièces de canon ; celle de la phalange Mackensen sur la Dunajec par 1 500. Les Allemands en auraient amené 4 000, sur un front de 50 kilomètres, en face des Russes.

A côté du matériel canon, il faut aligner les autres mécanismes de guerre, mitrailleuses, avions, autos, wagons, etc. ; le matériel de protection : masques contre l'asphyxie, cuirasses ou têtières, outils à tranchées, fil de fer barbelé, ciment ; le matériel consommable : munitions, explosifs, vivres. On est surtout limité pour celui-ci, par l'approvisionnement en cartouches, qui se développera certainement dans d'énormes proportions. La consommation d'obus est restée fort inférieure aux besoins de l'artillerie. On avait tablé, en France, sur une dépense moyenne de 13 000 coups par jour. Nos adversaires, plus prévoyants, s'attendaient à 35 000. Or, certains jours de bataille en ont coûté plus de 100 000. L'Allemagne, dit-on, en fabrique 250 000 par jour. Et cependant, nos artilleurs s'astreignent à la plus extrême économie. Un canon de 75 peut tirer 25 coups par minute. En admettant une allure relativement modérée et quelques minutes seulement d'activité à l'heure, on arrive tout de même à 100 ou 200 coups par heure de bataille et par pièce. Il est probable que les usines belligérantes, dans l'avenir, devront fournir et les convois transporter et distribuer sur le front, journellement, des millions de projectiles d'artillerie, peut-être des milliards de cartouches pour fusils et mitrailleuses.

L'impossibilité de rassembler sur les quelques kilomètres de l'action décisive, au même instant, tous les moyens dont on disposera pour produire l'événement, tant les hommes que le matériel et les approvisionnements, incitera à faire de plus en plus grand usage d'une dernière forme de concentration, la condensation dans le temps. Car une seule chose paraît inextensible : le terrain. Entre des frontières ou des océans, un front est borné. La densité des forces vives de combat par unité de longueur est donc destinée à croître avec la puissance totale des armées, et à dépasser ce que peut porter utilement la surface du sol. D'ailleurs, l'avantage de condenser au plus haut degré l'attaque principale reste certain. A défaut de simultanéité, il faut alors la répétition des coups. Les transports modernes donneront voie à ces concentrations par succession rapide : c'est le système des vagues d'attaque. Une troupe en pleine action est immédiatement suivie, soutenue et remplacée par une autre, jusque-là hors d'atteinte. Le réglage des mouvements au chronomètre ou par ordres doit être parfait. Notre expérience et notre outillage laissent encore à cet égard beaucoup à désirer. La concentration dans le temps amène à des accumulations de troupes et de matériel en profondeur. Employée en grand, elle sera le correctif de la disposition en cordon, qui aura caractérisé la guerre actuelle. Elle prendra toute son importance quand l'aéroplane, étant devenu le moyen de transport qu'il doit être, assurera et les déplacements extra-rapides, et les superpositions de masses combattantes dans toute l'épaisseur de l'atmosphère.

Le cordon défensif et quasi uniforme est, en effet, caractéristique de la guerre de 1914. Déjà en 1915, on voit s'accentuer des noyaux plus épais. D'où vient la fortune nouvelle et sans doute passagère d'une méthode amplement condamnée par les experts ? Elle doit tenir pour partie aux disproportions que nous avons signalées. Le cordon est le dispositif de stratèges qui ont trop de personnel à déployer pour une organisation trop faible du commandement, des communications et des transports. On n'a pas appris jusqu'ici à faire un assez large emploi des instruments de concentration.

Pour la première fois, on a mis sur pied une quantité d'hommes armés qui suffit à garnir efficacement toute une frontière : conjonction du nombre avec la puissance de la défensive. Assez d'outils et de bras pour creuser, et au besoin bétonner des tranchées, des tunnels, des cavernes ; du fil de fer formant barrage ; des armes à tir extra-rapide balayant le glacis de ces fortifications de campagne ; l'artillerie elle-même défilée en arrière : voilà les éléments de la nouvelle supériorité défensive. Le cordon était désormais possible. Le rideau mince, qui eût été déchiré il y a quarante ans, résistait. On céda à la tentation de s'abriter.

On y céda d'autant mieux que l'importance des services d'arrière est plus grande. Avec un pareil débit du ravitaillement, on peut moins que jamais laisser touchera ses communications. Or elles sont surtout constituées sur un réseau fixe, celui des chemins de fer. Il devient essentiel de garder le terrain ; et il est plus menacé qu'autrefois par les mouvements débordants, grâce à la mobilité nouvelle des forces. Ainsi, mobilité et faiblesse relative de l'attaque, puissance de la défensive, énormité des effectifs, insuffisance organique, tout concourait à étirer les armées en longs fils bordant les fronts, comme leur image épinglée sur nos cartes.

Peut-être, dans les guerres futures, les frontières devront-elles aussi être garnies d'une ceinture ininterrompue de défense. Il est probable qu'elle ne formera que la surface d'un dispositif en profondeur, abondamment pourvu de centres défensifs et offensifs. Le pays moderne ressemble à un être vivant qui ne peut plus survivre à certaines blessures trop profondes : il lui faut une carapace. Mais c'est par des organes d'attaque qu'il combat. Son triomphe est une projection de vie au dehors.

N'est-ce pas la plus complète des manifestations vitales ? Il y faut, réunis dans le faisceau le plus serré, les trois ordres de forces : la préparation, la matière et l'âme. Là comme ailleurs, si l'évolution des conditions modernes nous enchaîne au Temps, elle nous dégage de la fatalité matérielle et animale. En vain, croit-on nous voir écrasés sous les monstrueuses puissances que nous savons tirer de la nature. Si elles réduisent à rien la valeur relative de notre force physique, si elles semblent annuler en nous le facteur matériel, elles grandissent d'autant les facteurs proprement humains, par cela seul qu'elles restent d'un autre ordre, et ne s'y comparent pas. Elles les portent à leur surface, plus haut quand elles montent, comme la vague qui soulève un bouchon. Aussi, tant de changements ramènent-ils à de frappants retours. La violence des explosifs et le débit surabondant des mitrailleuses ont supprimé les déploiements à découvert qui donnaient aux batailles du Moyen Age leur allure de fête ; mais c'est pour reproduire la guerre de ruse et d'embuscade des sauvages. Nos hommes rampent comme des Peaux-Rouges ; ils ont appris à se dissimuler presque aussi bien qu'eux. La grande portée des armes, chose singulière, aboutit à ce nez à nez qu'est la lutte des tranchées et à ce corps à corps qu'est l'assaut à la baïonnette. Le mécanisme envahissant aboutit à un besoin et a un jaillissement de courage individuel sans égal peut-être dans l'histoire militaire. Avec la plus haute vertu, il exige et favorise encore d'incessantes activités de l'esprit. La machine rend la guerre moins machinale ; elle la spiritualise.

La valeur d'une armée reste donc ce qu'elle fut toujours, le produit de deux facteurs également indispensables. C'est, diraient les mathématiciens, une fonction à deux variables : l'homme et la matière ou, si l'on veut, l'âme et le mécanisme. La valeur du courage n'y est pas annulée, mais au contraire renforcée par la puissance des instruments que ce courage emploie ; et l'utilité des machines de guerre se proportionne à la qualité des hommes qui les conduisent. Chacun des deux facteurs sert à l'autre de coefficient, de multiplicateur. Si l'un d'eux tombe à néant, le total s'anéantit. Sans une âme égale à la nôtre, l'armement le plus perfectionné ne réalise que la barbarie scientifique et, espérons-le, l'impuissance finale de nos ennemis ; sans des armes égales aux leurs, notre héroïsme chevaleresque ne nous donnerait jamais qu'une supériorité précaire et stérile.

Il reste à jeter un coup d'œil sur ces merveilles de l'outillage guerrier et sur les perspectives qu'elles offrent à nos rêves d'un avenir si incertain.

SECONDE PARTIE
LE MATÉRIEL DE GUERRE

I

Il est évident aujourd'hui que les guerres futures, — encore longtemps possibles, quoi qu'on dise, — différeront profondément de celles que l'Histoire a fait connaître. Nous avons conclu de l'exemple actuel qu'elles transformeront bien autrement la vie des nations ; la physionomie sociale de la guerre est toute nouvelle ; sa physionomie matérielle ne le sera pas moins.

Nous ne prétendons pas passer en revue l'outillage entier de la guerre moderne : nous voulons seulement en considérer un instant les grands traits. Avant tout, les instruments de transport ont pris une importance prépondérante. Le premier d'entre eux est le chemin de fer. Un train porte un bataillon d'infanterie ou une batterie d'artillerie de campagne. Les chevaux et le matériel sont les choses encombrantes. Pour emmener un corps d'armée, soit 30 000 combattants, il faut une cinquantaine ou une centaine de trains, selon qu'on ne prend que les unités de combat, ou qu'on y joint tout le convoi des services d'arrière. L'embarquement nécessite quelques heures, de deux à trois heures en moyenne ; mais cela dépend beaucoup du matériel à charger et des commodités offertes par la gare, sous forme de quais et d'appareils divers. Mêmes délais pour le débarquement. Les trains militaires se déplacent à une allure compassée, en principe égale pour tous et de trente ou quarante kilomètres à l'heure. Ils se succèdent à intervalle réglé : une voie unique peut en laisser passer une vingtaine par jour dans chaque sens, une voie double 50, 60, 100, ou même davantage, selon les garages et le *block-system*. Sur certaines lignes et à certains jours nous sommes allés jusqu'à 220.

Il en résulte que le débit d'une ligne double serait, en gros, d'un corps d'armée par jour. Mais il y a encore à tenir compte de mainte circonstance, en particulier des embranchements. On voit combien il importe de disposer d'un grand nombre de voies parallèles. A cet égard, notre réseau du Nord et les réseaux frontière allemands fournissent des facilités que ne se retrouvent pas sur les chemins de fer russes par exemple. Notons le développement donné par nos ennemis à leur système de voies stratégiques en Alsace-Lorraine depuis quelques années. Des voies nouvelles entre Metz et Château-Salins, entre Sarrebourg et Dieuze, entre Strasbourg et Vendenheim, entre Metz et Sarrelouis, par Bouzonville, entre Fribourg et Schlestadt, entre Huningue et Ferrette, entre Mulhouse et Wesserling, etc., des gares immenses, comme la gare de triage de Strasbourg, qui occupe 90 hectares, des quais de débarquement multipliés, marquent l'intérêt du réseau frontière pour l'armée allemande. L'ensemble des réseaux français représente 37 000 kilomètres dévoie. En Allemagne, il y en a environ 60 000, en Belgique 7 300. Nos six grandes compagnies, en y comprenant l'Ouest-État, possèdent environ 15 000 locomotives, 30 000 wagons de voyageurs, 400 000 fourgons ct wagons de marchandises. Le gouvernement allemand, qui préparait la guerre par tous les moyens, avait, en dehors du matériel d'exploitation pacifique, accumulé des réserves uniquement destinées au service des troupes.

Les chemins de fer ont d'abord réalisé les transports de mobilisation et de concentration. Chez nous, il a fallu 4 750 trains. Tout s'est passé dans le plus grand ordre. L'armée a encore besoin des chemins de fer, d'une façon permanente, pour deux usages : ses communications d'arrière, ses déplacements. Le mouvement des communications est assez régulier, l'autre essentiellement irrégulier ; mais comme il doit répondre sans délai à de brusques nécessités, on immobilise tout de même à cet effet, de façon durable, un important matériel. On se rappelle la course à la mer qui a précédé la bataille de l'Yser ; on voit les énormes concentrations occasionnées par des combats comme ceux de Champagne ou d'Artois. Lors de notre offensive initiale en Lorraine et en Belgique et de notre recul ultérieur au Sud de la Marne, il a été mis en marche plus de 6 000 trains militaires. Les armées sont en migration perpétuelle. Encore les nôtres ont-elles pu rester beaucoup plus tranquilles que celles du maréchal de Hindenburg, par exemple, sans cesse occupées à faire la navette sur les fronts de la Prusse orientale ou de la Pologne. C'est Napoléon qui a dit : « La force d'une armée est, comme la quantité de mouvement en mécanique, le produit de la masse par la vitesse. » Or, le chemin de fer est un moyen d'imprimer une grande vitesse à de grandes masses. Il peut faire en un jour des étapes de 600 kilomètres ; à pied, on est limité à 30.

Le développement des chemins de fer est un des traits les plus marquants de la civilisation. A cet égard, comme a plusieurs autres, la banlieue des grandes villes nous offre un avant-goût du spectacle que présenteront un jour nos vieux pays. On peut s'attendre à ce que la mobilité des armées s'accroisse, de ce chef, beaucoup plus que leurs effectifs. Les pays qui s'organiseront pour la guerre ne manqueront pas d'établir sur leurs frontières des réseaux à mailles serrées, bien avant que le trafic local les rende nécessaires. S'ils veulent faire complètement les choses, ils équiperont des ceintures de voies assez multiples pour transporter à la fois, en un seul voyage, tout l'ensemble des réserves générales. Entendons par-là les forces disponibles pour agir en un point quelconque, une fois les tranchées garnies tout le long de la frontière. Le nombre des lignes parallèles ainsi destinées à se doubler dépendra des effectifs, de la capacité des trains, des moyens de débarquement, etc.

L'extension de l'état de guerre à un grand nombre de pays produira souvent une situation analogue à celle de l'Austro-Allemagne, attaquée, en attaquant, sur deux frontières opposées. Dans ce cas les lignes qui traversent le pays de l'une à l'autre remplissent un rôle militaire du même ordre que les voies frontières. Elles servent à jouer le jeu de navette non plus d'un point à l'autre du même front, mais d'un front à l'autre. Ces grands courants de troupes compliquent encore l'usage qu'on en fait pour les approvisionnements. Il n'y a donc pas, en temps de guerre, de voie ferrée inutile. Pour nous en convaincre, il suffit de voir les Russes s'approvisionner de munitions par le chemin de fer de Kola et le Transsibérien.

Les pays entourés d'ennemis ont l'avantage des lignes intérieures, qui leur permettent de porter successivement presque toutes leurs forces contre chacun des groupes d'armées qui les menacent. Ce fut le grand art de Napoléon. Les chemins de fer facilitent ces déplacements. Mais souvent ils donnent aussi les moyens de parer les coups ainsi frappés, car ils offrent autant de facilités aux mouvements par lignes extérieures. On peut faire en très peu de jours le tour d'un pays comme la Pologne et contre-balancer l'appoint des renforts ennemis qui l'auraient traversé en ligne droite. L'avance de temps procurée par l'emploi des lignes intérieures n'est que le temps nécessaire à parcourir l'excès d'un des trajets sur l'autre. Cette avance est évidemment moindre avec des transports plus rapides. Or, pour en tirer les mêmes effets qu'autrefois, il faudrait qu'elle fût plus longue, parce que les batailles durent aujourd'hui plus longtemps. On mettait une armée hors de cause en quelques jours : elle n'avait pas le temps d'être secourue ; il faut à présent des semaines. A cet égard, le progrès restreint le bénéfice des lignes intérieures ainsi que l'influence de la plupart des artifices stratégiques et sans doute le rôle prépondérant des grands artistes militaires. Il rend plus assurées les conséquences d'une supériorité globale des forces morales et matérielles. La victoire est davantage la récompense d'un peuple, moins la réussite d'un homme.

Les autres instruments de communication concourent avec les chemins de fer à cette transformation, en particulier la télégraphie, qui permet à des alliés de faire concorder rigoureusement leurs opérations sans contact direct, par-dessus des milliers de kilomètres de terre ennemie. L'entouré, qui si souvent a dû à son enveloppement même ses victoires les plus éclatantes, perd chaque jour de son avantage stratégique. Et les inconvénients économiques de l'isolement l'atteignent de plus en plus dans ses forces vives. Aucune nation désormais ne peut se passer longtemps des autres. Le blocus interviendra presque toujours pour étouffer quelqu'un des belligérants et pour les gêner tous. On a vu, il y a un siècle, on vient de revoir le blocus réciproque entre l'Angleterre et une Puissance continentale. Par le blocus, chaque pays est, en son entier, mis dans l'état d'une ville assiégée. C'est là un des effets de la solidarité croissante entre la population civile et les armées mobilisées.

L'appropriation des chemins de fer aux usages de guerre ne se limite pas au tracé du réseau : elle s'étend à l'aménagement des gares, à leur multiplication, à celle des voies, à la défense des ouvrages d'art, à l'abondance du matériel roulant. On doit s'attendre à des extensions considérables sur tous les points. Quelle que soit l'importance prise dans les transports militaires par l'automobilisme et l'aviation, il est probable que la voie ferrée sera toujours l'instrument de choix pour déplacer certain matériel lourd.

Le wagon peut être adapté lui-même à des usages militaires. Nous avons des wagons-citernes, des wagons frigorifiques, des trains sanitaires ; et surtout nous avons des trains blindés et des affûts-trucks. On peut concevoir la mise en campagne d'un grand nombre de ces trains blindés, qui sont à l'abri des balles et portent des mitrailleuses et des canons légers. Leur inconvénient est celui de tout ce qui est lié à la voie ferrée : étroitesse et fixité du champ de déplacement, risques nombreux d'immobilisation. D'autre part, on ne peut pas pousser très loin le cuirassement des trains. Ils deviendraient trop lourds, sans pouvoir braver les obus, puisque ceux-ci les arrêteront toujours en endommageant les voies.

Aussi les chemins de fer rendront-ils des services peut-être plus précieux encore en amenant à pied d'œuvre les pièces monstres, trop pesantes pour être véhiculées autrement. Ils leur permettent de tirer sans être débarquées. On appelle affût-truck le chariot spécial portant la pièce et fait pour subir sans dommage la réaction du tir ; et l'on obtient ce dernier résultat en appuyant à terre, une fois l'affût arrêté, des supports qui se substituent aux roues. Ils transmettent au sol le choc, qui n'est donc point reçu par les rails. Nous avons des affûts-trucks pour presque tous les modèles de notre artillerie lourde, depuis le 155 millimètres jusqu'au 370 millimètres. Les grosses pièces de siège sont généralement fixées sur des plates-formes maçonnées, mais le chemin de fer est le plus souvent indispensable pour les y transporter.

On se demandera quel est le calibre le plus élevé que puisse recevoir un châssis roulant sur voie ferrée. La limite de charge du matériel roulant est de 10 tonnes pour un wagon ordinaire, de 5 tonnes par essieu. Mais en répartissant la charge sur un assez grand nombre d'essieux, on peut arriver à déplacer sur rail des bouches à feu d'environ 100 tonnes, c'est-à-dire d'un calibre de 38 à 45 centimètres, suivant la longueur de la pièce et le poids des mécanismes accessoires. On voit que le mortier allemand de 42 centimètres semble avoir été calculé en réponse à cette question.

Qu'il s'agisse d'organiser une ligne de ravitaillement, de faire circuler des renforts, ou de conduire à poste un matériel pesant, il peut être avantageux de suppléer à l'absence de voies ferrées normales en posant un rail sur route. Les Allemands l'ont fait bien souvent et nous aussi. Dans ce cas, on se sert de voies étroites, généralement à 60 centimètres d'écartement. Une équipe de sapeurs exercés en établit à peu près 1 kilomètre en trois heures de travail. Toutes les grandes armées ont préparé des approvisionnements de rails avec leurs traverses et de matériel roulant. On pourra pousser encore plus loin la préparation en installant en permanence sur les routes mêmes tout ce qui ne nuirait pas à leur utilisation normale, et en particulier eu réservant sous forme de trottoir un côté de la route, complètement aménagé et simplement recouvert d'un passe-pied en bois. Ce système pourrait être appliqué même à des voies larges. On peut aussi disposer des dépôts de matériel de distance en distance sur la ligne et entretenir des garages pour les wagons. Une très grande abondance de voies auxiliaires ainsi équipées en arrière d'une armée lui sera précieuse. Il est probable que, dans les guerres européennes, le commandement disposera de voies ferrées à profusion.

L'outil de transport par excellence est pourtant d'une autre nature : c'est l'automobile. Alors que le moindre accident bloque une ligne ferrée, il faut, pour arrêter l'automobile ou la destruction de la route, ce qui est rare, ou une panne de son propre moteur. Les autos de toute espèce ont été réquisitionnés par la Guerre. Les voitures de maître, depuis la somptueuse limousine jusqu'à la simple bicyclette à pétrole, sont réservées pour les officiers d'état-major, estafettes, courriers, etc. Les troupes et le matériel sont confiés aux autobus, auto-cars et camions. Chaque grande voiture prend une trentaine de fantassins. Un convoi de mille ou douze cents d'entre elles emporte un corps d'armée. Les simples taxis parisiens ont servi à jeter sur le flanc de l'armée von Klück une partie des troupes qui livrèrent la bataille de l'Ourcq. La vitesse des convois peut atteindre 12 ou 15 kilomètres à l'heure. Une route donnera place à 50 ou 60 autobus par kilomètre, c'est-à-dire à 1 500 ou 1 800 hommes, et débitera environ 20 000 hommes par heure. Un corps d'armée s'y allongera sur une vingtaine de kilomètres au minimum. A pied, une division occupe sur route 15 kilomètres, un corps d'armée 32 ; et il met huit ou neuf heures à s'écouler. Si nous nous rappelons que le débit horaire d'une voie ferrée ne dépasse guère cinq ou six mille hommes, nous mesurerons l'intérêt du transport automobile.

La France est par excellence le pays des routes : elle se prête mieux que toute autre région du monde à leur emploi intensif. Là où ! e commandement dispose de deux ou trois voies ferrées pour relier deux points du front, il est rare qu'il ne se trouve pas à même d'utiliser une dizaine de routes. Il faut toutefois prévoir le passage des convois sur des pistes bien plus nombreuses encore, à travers champs. Cela peut se faire déjà très exceptionnellement : cela se ferait sans doute normalement, à condition de prendre certaines dispositions préalables ; et c'est là un des problèmes que peut résoudre un avenir prochain.

Les dispositions à prendre se rapportent aux voitures et au terrain. Certaines voitures de tourisme sont en état de franchir les labours, non pas certes par tous les temps, mais dans des conditions favorables. Il reste à organiser spécialement pour véhiculer 5 ou 6 hommes de troupes, si l'on ne peut davantage, des voitures très légères, avec des roues à large surface portante. N'en viendra-t-on pas quelque jour à les munir d'un dispositif de sustentation destiné à diminuer leur appui sur le sol ? Nous avons l'exemple des oiseaux coureurs. L'adhérence du terrain n'est pas la seule difficulté à vaincre : il y a aussi ses inégalités. Dans quelle mesure le dispositif précédent permettrait-il de les franchir ? N'y a-t-il pas à notre portée des mécanismes imitant ceux de la progression animale ? Ou bien en arrivera-t-on à munir les têtes de convois de passerelles à poser sur les fossés, ruisseaux et fondrières ? Autant de questions auxquelles la pratique seule répondra, mais qui ne semblent pas dépasser les moyens de la science moderne.

On peut, d'autre part, aménager d'avance des pistes à travers les cultures, sans entraver celles-ci en temps de paix. Par exemple, on peut imposer des servitudes pour le raccord des chemins de terre et voies particulières, et aussi pour les clôtures, de façon à débarrasser les trajets des principaux obstacles, comme les murs, les fossés, les haies épaisses et ininterrompues, Si l'on réussit à créer l'automobile de pleins champs, les convois se déplaceront en ligne de front sur de grandes étendues et leur rapidité sera beaucoup accrue ; on décuplera et peut-être on centuplera le débit horaire du transport automobile. Une armée évoluera librement sur une province presque comme un bataillon sur un champ de manœuvre.

D'après un discours de M. Maurice Binder à la Chambre des Députés, nos parcs automobiles de la zone des armées, indépendamment de certains à-coups, transporteraient régulièrement chaque mois de 160 000 à 180 000 tonnes de matériel et environ 300 000 hommes. L'armée von Klück, dans sa marche débordante à grande vitesse vers Paris, comme des fractions des armées von Hindenburg en Pologne, ont employé la méthode suivante : un tiers de l'infanterie, 15 000 hommes, dit-on, pour l'armée von Klück, faisait route en automobile pendant que les deux autres tiers allaient à pied, en attendant qu'on revînt les prendre, à tour de rôle. Le trajet en voiture formait repos. On put avancer ainsi de 50 kilomètres par jour. On y employait 5 000 voitures. On a dit que l'état-major allemand avait réuni sur un seul front plus de 20 000 autos pour ce service.

Au début des hostilités, les Puissances belligérantes disposaient de 200 000 automobiles pour poids lourds, dont 90 000 en France, 70 000 en Allemagne, 55 000 en Angleterre, 25 000 en Autriche-Hongrie et 10 000 en Russie. Grâce aux mesures prises chez nous pour encourager la construction des *poids lourds*(camions ou tracteurs), nous nous trouvions donc en avance. Les véhicules primés devaient posséder une capacité de charge utile de 2 ou 3 tonnes à une vitesse de 15 kilomètres. En Allemagne, on exigeait 4 tonnes pour les camions ou tracteurs, 2 tonnes pour la voiture attelée : la vitesse demandée était 16 kilomètres. Nos 1 500 autobus parisiens nous ont rendu d'inappréciables services. Dès le deuxième jour de la mobilisation, 500 d'entre eux se précipitaient vers la frontière de Belgique. Berlin n'a pu en mobiliser en tout que 1 000. La première armée expéditionnaire anglaise débarqua avec 100 autobus.

L'automobile, comme le wagon, a reçu des installations spéciales. Il y a des autos-ambulances, des autos-cuisines, des autos-projecteurs, des autos-télégraphes, des autos-caissons, des autos-canons, des autos-mitrailleuses, des parcs automobiles d'aviation, etc. Par exemple, on annonçait, dans le courant de l'hiver, l'arrivée à l'armée anglaise de 250 *motoside-cars* blindés, porteurs de mitrailleuses. Ce sont là des modèles légers. Les Russes en font qui ne pèsent pas plus de 2 tonnes, tout compris, tandis que celles que les Allemands leur opposaient allaient jusqu'à 10 tonnes et s'embourbaient dans les mauvais chemins de Pologne. Mais le poids doit être en relation avec la largeur des roues. Avec des châssis munis de rouleaux comme ceux qui écrasent le macadam, on arriverait à faire porter au terrain, sur route, une charge considérable, à la condition d'aller lentement. Par-là l'on pourrait augmenter dès aujourd'hui le calibre maximum des pièces d'artillerie mobiles ; il en serait de même si l'on faisait usage de voies ferrées spécialement construites, comme on en peut établir déjà à l'intérieur des forteresses, comme on en fera peut-être ailleurs dans un intérêt stratégique.

On sera sans doute tenté d'accroître aussi la charge de nos plus simples autos de guerre, soit pour les abriter sous un cuirassement plus épais, soit pour accroître leur armement individuel. Cependant, il semble que l'avenir, au contraire, soit aux voitures légères : le poids nuit à la vitesse, il oblige à ne pas quitter les bonnes routes ; on ne peut songer à faire emploi des blindages qui résisteraient aux obus, même de 75, à l'explosion desquels la voiture elle-même ne résisterait pas. Il faut plutôt s'attendre à voir augmenter le nombre des voitures. Ce sera la vraie forme de la cavalerie, ou plutôt L'union intime des trois armes. Une nuée de canons et de mitrailleuses lancée à travers les plaines, avec des soldats en croupe, ne pourrait-elle encore charger, même sur des tranchées, et si elle crève le front ennemi, se répandre sur l'arrière-pays ? Elle opérerait par grandes masses et ses effets seraient foudroyants.

On se rappelle la diffusion des autos-canons allemands par unités isolées, poussant à l'aventure sur les routes, ou des voitures blindées armées d'une ou deux mitrailleuses et remplissant ce rôle de patrouilles. Montées par 8 ou 10 hommes, elles s'avançaient, à la faveur de la nuit, loin dans l'intérieur de nos lignes, terrorisant les campagnes et enlevant les sentinelles. Ainsi répandues de tous côtés, reliées sans doute au commandement par la téléphonie sans fil, les autos d'exploration couvriront en quelques heures toute une région. Elles compléteront par un contact direct les informations des avions.

II

Ceux-ci auront joué dans la guerre actuelle un rôle aussi notable que celui des automobiles. Mais l'avenir leur en réserve évidemment un bien 'plus grand encore. Ici l'instrument de transport et l'arme de combat sont intimement unis. L'un a autant d'importance que l'autre. L'aéroplane sera sans doute toujours incapable de transporter du matériel lourd. On ne pourra guère lui confier que les troupes proprement dites. S'il devait servir aux déplacements d'une armée, il faudrait qu'elle trouvât au point d'arrivée un matériel conduit par d'autres moyens.

On n'en est encore qu'à l'aéroplane d'observation. Les seuls passagers qu'il reçoit jusqu'ici sont des officiers qui inspectent le terrain. Les plus grands modèles usuels portent seulement deux observateurs en plus du pilote. Les poids disponibles, au fur et à mesure des progrès de la construction aérienne, sont d'abord consacrés à doubler les moteurs, à augmenter les sécurités, à accroître le nombre des obus que l'appareil peut enlever. Cependant nos alliés russes ont déjà fait l'essai d'un avion géant, dû à l'inventeur Sikorski et muni d'une cabine où 5 ou 6 hommes prennent place. Nul doute que l'avenir ne réservé à l'aéroplane un emploi de transporteur rapide, même dans la vie civile. Les projets dans ce sens sont déjà nombreux. On en a esquissé des réalisations. Deux grands obstacles s'y opposent encore, qui disparaîtront sans doute dans un temps très prochain.

Pour véhiculer des passagers, en effet, il nous faut des appareils de grande dimension, et ils doivent présenter une entière sécurité. La dimension met en jeu des forces proportionnées. Le pilote, obligé de manœuvrer par le seul effort de ses bras et de ses jambes, ne pourra conduire sans fatigue les instruments de grande envergure que grâce à des mécanismes auxiliaires multipliant sa propre force. Mais tout mécanisme est sujet à des enrayages, dont le moindre, si court fût-il, compromettrait, en l'état actuel des choses, la vie des passagers.

C'est ainsi que la question de la dimension est liée à celle de la sécurité. Cette dernière a été envisagée par beaucoup d'inventeurs.

Leurs solutions se répartissent entre deux catégories. Ou bien, comme l'infortuné aviateur Moreau, on confie à un mécanisme automatique le soin de ramener l'aéroplane dans une position sans danger dès qu'il en prend une menaçante ; mais alors le même mécanisme, s'il est faussé, mettra l'appareil nécessairement en péril. Ou bien l'on se contente, comme M. Doutre, de donner à la main du pilote un aide automatique, vigilant, qui, au besoin, opère de lui-même le redressement voulu, mais ne s'oppose jamais au geste personnel de l'aviateur. Les pilotes préfèrent avec raison ce second type de sécurité au premier ; car il n'est pas de mécanisme qui ne manque à certains moments. Quoi qu'il en soit, les deux systèmes interviendront peut-être dans la solution définitive : les mécanismes rigides, sous une forme rendue assez sûre pour que leurs défaillances deviennent l'infime exception ; les autres, par des modèles assez puissants et assez sensibles à la fois pour permettre aux pilotes d'imiter Moreau et de se croiser les bras.

Ces garanties ne seront d'ailleurs suffisantes qu'avec l'adjonction d'un parachute pratique. Les expériences faites encouragent l'espoir d'un succès prochain.

On a trop de peine à se figurer encore le nombre de passagers d'un de ces aérobus futurs pour faire la comparaison avec les automobiles. On ne saurait donc dire quels effectifs s'en iront par les airs. On peut toutefois indiquer le nouvel appoint de vitesse apporté par l'avion, dans la mesure où il servira aux transports. Au lieu de 15 kilomètres sur route, nous en aurons au moins 100 ou 200 sur nuages. Un autre élément formant la contre-partie de ce progrès serait évidemment la dépense, qui ne peut manquer d'être beaucoup plus forte, pour la voie aérienne. Notons cependant que l'aéroplane n'a rien d'équivalent à l'usure des roues par frottement. Mais la question n'est pas là. Presque tous les progrès s'accompagnent d'une dépense qui n'arrête pas l'Humanité. Quand il s'agit en particulier de l'efficacité militaire d'un nouveau moyen d'action, il ne faut jamais tenir pour invraisemblable que l'ennemi fasse les sacrifices nécessaires. Il n'y aurait pas d'attitude plus imprudente. Nous n'avons pas cru avant cette guerre à la puissance de l'effort matériel fait par les Allemands pour la préparer : il nous en a coûté plus cher que n'aurait coûté une préparation égale à la leur.

Le transport aérien, à lui seul, changerait complètement la physionomie du combat et les moyens de la stratégie. Il équivaudrait d'abord au déplacement quasi instantané des troupes. Par un crochet en arrière de son front, un général pourrait dérober en une nuit toute son armée et la porter à la fois sur un point inattendu. Il pourrait l'y descendre dans son ordre même de bataille. Il pourrait enfin, s'il était maître de l'air, la déposer en plein territoire ennemi. Il faut seulement nous rappeler que là, dépourvue de son matériel qui doit se traîner à terre, elle ne serait pas à même de se livrer à des opérations militaires normales. On ne peut cependant envisager cette hypothèse, réalisable sur une échelle plus ou moins vaste dès que l'aéroplane sera devenu un vrai instrument de transport, sans se demander quel sera le sort des lignes de communications et des services de l'arrière ainsi menacés d'une descente ennemie.

Nous ne pouvons séparer dans ces opérations la faculté de transport de la faculté de combat. Avant d'emmener des passagers, l'aéroplane aura emmené des armes et s'en sera servi. On sait qu'il lance des fléchettes et des bombes et qu'il porte une, deux ou même trois mitrailleuses. Un de nos petits, avions actuels peut semer un ou deux milliers de fléchettes, qui font l'office de balles. Il y a plusieurs espèces de bombes, que ce n'est pas le lieu de décrire. La plupart sont simplement constituées par des obus d'artillerie, appartenant chez nous le plus souvent au calibre de 90 ou de 155 millimètres. Un aéroplane emporte une douzaine d'obus. C'est encore peu, et c'est d'autant plus insuffisant que l'aviateur est à la fois incapable de s'arrêter pour rectifier son tir et de le diriger hors de la verticale.

Il n'est pas dit qu'on n'arrivera pas à réaliser la sustentation immobile par une hélice horizontale. Le colonel Renard a démontré qu'elle était aujourd'hui impossible, étant donné le poids par cheval de nos moteurs actuels. En admettant qu'on se heurte toujours à la même impossibilité, il est encore permis de se demander si l'on n'obtiendra pas des appareils capables de descendre lentement sur place, grâce à l'emploi de plans verticaux, qui maintiendraient la stabilité. Dans ce cas, l'aviateur pourrait momentanément rester à peu près au-dessus d'un point visé et rectifier son tir. On lui fournira sans doute, pour le faire plus aisément, des bombes à fumée, qui marquent les coups.

Un autre perfectionnement consisterait à lancer les bombes au moyen d'un petit mortier ou d'une sorte de catapulte, de façon à les faire partir horizontalement et à couvrir sur le sol, non plus seulement une piste linéaire, mais une bande large de 200 ou 300 mètres. L'aviateur, renseigné par la lecture de télémètres spéciaux et pointant au moyen d'alidades de tir, graduées pour tenir compte de ses mouvements propres, comme celles qui servent au lancement des torpilles, étendrait ainsi à volonté son action à droite et à gauche de son sillage. Sur l'objectif choisi, il projetterait une gerbe d'obus calculée de façon que l'un au moins d'entre eux tombe sur une surface donnée, ou encore il balaierait un terrain en promenant en dessous de soi un rideau de feu.

Évidemment, ces méthodes de tir supposent un grand approvisionnement de projectiles. Mais c'est le point qui va dès maintenant bénéficier des premières améliorations. Pour combattre, comme pour observer, l'avion n'a pas besoin de plus de deux passagers. On est arrivé à les y mettre. La provision de combustible est aujourd'hui amplement suffisante. Nos aviateurs en ont donné la preuve en allant à 150 kilomètres de leur base bombarder Carlsruhe. Le rayon d'action n'est plus limité par la quantité d'essence, mais par la fatigue du pilote. Dans l'expédition que nous venons de rappeler, il a fallu rester six heures en l'air. C'est à peu près tout ce qu'on peut demander, dans des conditions pareilles, à un homme bien entraîné. Quant au remplacement du pilote, en cours de route, il n'est guère possible actuellement et pour diverses raisons. Il ne le deviendrait, sans doute, que le jour où des sécurités nouvelles rendraient beaucoup moins difficile la tâche du conducteur d'aéroplane.

L'action directe des avions contre la terre n'est pas encore très redoutable. Leur rôle principal a jusqu'ici consisté à servir d'auxiliaires aux troupes et à l'artillerie. C'est comme informateurs qu'ils ont rendu les plus grands services. Il ne leur a fallu pour cela que la possibilité de s'élever au-dessus des lignes adverses. Ils surveillent les concentrations ennemies, repèrent l'emplacement des tranchées, décrivent l'état des fortifications et contribuent à régler le tir des batteries en observant les points de chute des obus. Ils ne sont pas assez nombreux pour exercer une surveillance permanente : ils opèrent par reconnaissances espacées. Pour accomplir leur mission, ils pourront recevoir des installations spéciales : lunettes à fort grossissement, appareils photographiques sur pivot, projecteurs électriques, fusées de signaux, télégraphie sans fil, etc.

Là comme ailleurs, nous voyons le principe de la liaison des armes produire les plus grands effets. Il est la manifestation d'une solidarité et l'application d'une idée de concentration. Solidaire des armes de terre, l'avion l'est aussi des autres appareils aériens. Il partage surtout avec eux l'emploi d'observateur pour le réglage du tir. On sait que le capitaine Saconney a imaginé de faire enlever un observateur par un grand cerf-volant. Le cerf-volant, lui, reste en l'air pendant longtemps. Voilà un veilleur fixe. Le ballon captif avait depuis un siècle permis d'en faire monter d'autres au-dessus du champ de bataille. Mais le ballon est un but trop vulnérable pour qu'on le hasarde à étroite proximité des lignes. Il présente souvent un autre inconvénient : le vent, couchant son câble de retenue, le ramène à terre.

Alors que le ballon captif sphérique s'accommode mal du vent, le cerf-volant ne peut s'en passer. On a eu l'idée d'unir leurs qualités en créant des ballons cerfs-volants. Ce sont des flotteurs aériens à formes allongées, comme les dirigeables. Du là leur surnom de *saucisses*. Amarrés par un bout, ils fonctionnent dans le vent un peu comme les cerfs-volants des enfants ; mais ils sont, dans une certaine mesure, maîtres de leurs mouvements.

Il y a donc les renseignements de l'observateur aérien toujours présent, mais immobile et placé un peu trop en arrière, et les renseignements intermittents des reconnaissances mobiles, qui vont survoler les lignes ennemies. La collaboration des avions avec les ballons pourrait devenir plus directe. Rien n'oblige à supposer que l'oiseau automobile, malgré ses immenses supériorités, devra faire disparaître son ancêtre, le plus léger que l'air. En général, les armes successives subsistent les unes à côté des autres en se spécialisant ; et leur meilleure raison de ne pas se supprimer réciproquement est de se rendre de mutuels services. Si l'on cherche quelle aide le ballon, et en particulier le ballon captif, pourrait apporter à l'aéroplane, on en entrevoit une assez singulière. Le ballon ne pourrait-il servir de perchoir à l'avion ?

Celui-ci ne saurait rester en l'air sans se mouvoir et n'y restera jamais sans manœuvrer. Cela lui serait pourtant utile à l'occasion. Que ce soit pour se reposer, visiter son moteur ou se réapprovisionner, s'il doit descendre, il perd un de ses gains les plus précieux : l'altitude. Si nos aviateurs du camp retranché de Paris avaient pu s'élancer à la chasse des « taube, » non plus de la surface du sol, mais de mille mètres au-dessus, ils auraient gagné sept ou huit minutes, c'est-à-dire le temps nécessaire à une avance d'une douzaine de kilomètres au moins. Or, rien n'empêcherait un ballon de s'élever en portant deux ou trois aéroplanes veilleurs suspendus au-dessous de lui, à l'extrémité de câbles disposés à cet effet. Reste pour eux la difficulté de s'en détacher en mettant en marche. Si elle est insoluble aujourd'hui, ce que nous ne saurions dire, en l'absence de toute expérimentation correspondante, elle ne le serait évidemment plus le jour où l'aéroplane deviendrait capable de se soutenir sur place ou de grandement ralentir sa vitesse. Et dès ce même jour, il parviendrait sans doute à se raccrocher lui-même aux basques du ballon captif. La reconnaissance aérienne, au lieu de perdre le temps nécessaire à prendre hauteur, pourrait se lancer instantanément ; elle pourrait de même trouver un relais provisoire.

Elle est exposée aux coups de l'adversaire dont elle surprend les secrets. La balle de fusil ou de mitrailleuse monte à 1 800 mètres environ, l'obus de 75 à 4 000. Mais le réglage du tir sur un objectif mobile comme un avion est malaisé. On ignore sa hauteur et sa vitesse exactes. L'imprévu de ses mouvements déconcerte. Malgré l'organisation des postes de repérage et de tir, qui seront évidemment beaucoup perfectionnes, on n'atteint pas souvent l'ennemi qui court à 1 800 ou 2 000 mètres d'altitude. Si, plus bas, on l'atteint, on l'arrête rarement. Les trous dans les ailes ne l'empêchent pas de marcher. Il faut, pour provoquer une catastrophe, toucher quelques points vitaux, qui ne forment pas un gros but : tuer ou blesser sérieusement l'aviateur, crever le réservoir, couper une commande importante. En fait, nos hommes-oiseaux se rient des coups de feu. Ils descendent lancer leurs bombes à 100 ou 200 mètres du sol. Bien peu d'entre eux sont mis hors de combat. Leur principal ennemi est l'aviateur adverse.

Un grand progrès serait accompli, si l'on avait réussi à atténuer le

SECONDE PARTIE

bruit de leur moteur et de leur hélice. Leur présence ne serait plus annoncée à dix lieues à la ronde. Ils pourraient sortir inopinément de la nuit, du brouillard, ou de derrière les nuages, pour accomplir leur besogne. A vrai dire, on peut croire qu'aux temps futurs où les chemins de l'air seront incessamment parcourus par d'innombrables appareils volants, un bruit d'hélices se perdra mieux qu'à présent dans le grondement continu du roulage aérien. Il ne dirigera plus l'attention.

Un autre progrès consiste à diminuer la visibilité de l'appareil en constituant ses ailes d'une matière transparente. Les Allemands utilisent, dit-on, pour cet usage, le *cellon*, sorte de celluloïd non inflammable inventé par deux Français peu avant la guerre.

Pour nous figurer l'état de l'atmosphère, sillonnée en tous sens par les navires de l'air, nous n'avons pas d'autre point de comparaison que la mer et les vaisseaux. Malgré les différences, les choses s'y passeront de même dans les grandes lignes. La stratégie de l'air ne sera qu'un développement de la stratégie navale, mais avec quelles curieuses variantes ! La loi universelle de spécialisation y aura la même conséquence, en spécialisant d'abord le champ des rencontres décisives. Dans l'un et l'autre cas, la lutte comportera normalement deux actes successifs ; pour vaincre, il faut, en premier lieu, triompher dans l'ordre purement professionnel, pourrait-on dire en marine, conquérir la maîtrise de la mer, en aviation la maîtrise de l'air. Alors seulement, on peut aborder librement les opérations profitables contre la terre. La plupart du temps, comme la maîtrise de la mer se conquiert au large, la maîtrise de l'air se décidera dans la haute atmosphère, hors de portée de la plupart des canons terrestres. La question se réglera entre aériens. La guerre du large aura pour théâtre une couche limitée par en bas à la zone des obus venus de terre, par en haut à celle où l'aéroplane ne peut monter. L'un au moins des adversaires aura toujours avantage à gagner ce champ, libre des interventions d'en bas ; et son initiative obligera l'autre à l'y suivre, sous peine d'être dominé et bombardé d'en haut.

On manœuvrera donc pour prendre l'avantage de l'altitude, comme les flottes à voiles manœuvraient pour gagner l'avantage du vent. Mais les groupes ennemis se suivront en se disputant le zénith. La couche atmosphérique où se dérouleront leurs combats ne sera peut-être pas fort épaisse : sans cesse, les progrès de l'artillerie terrestre pousseront plus haut ses projectiles efficaces, et l'ascension de l'aéroplane est loin d'être indéfinie.

D'ailleurs, pour combattre, il faut se rapprocher. C'est utile, même pour essayer de laisser tomber des bombes sur l'ennemi volant, si difficile à saisir sous soi, en raison de sa grande vitesse. Et la guerre aérienne aura d'autres armes. Outre ce tir vertical de haut en bas, qui permet l'emploi de grosses bombes, elle aura le tir horizontal ou incliné de ses mitrailleuses, de ses petits canons. Enfin, l'oiseau mécanique pourra agir par choc.

On peut ainsi envisager trois genres d'avions de ligne : les spécialistes de la hauteur, navires légers et rapides, puisque c'est la plus grande vitesse qui soutient dans un air plus raréfié ; les spécialistes du choc, armés d'un éperon ; les avions canonniers, alourdis par leur artillerie. Les deux premières catégories se confondront peut-être, ayant pour qualité commune la rapidité de marche. Il semble que le monoplan soit désigné pour ce rôle.

Trois éléments de la guerre maritime sont ici sans équivalents : la protection lourde, qui nécessite des poids inconciliables avec le vol ; l'invisibilité du sous-marin, autre forme de protection ; enfin la grosse artillerie à longue portée. Dans les airs, on se battra de près, sauf, à l'occasion, dans le sens vertical. Les passes seront rapides, terribles. Les vaincus, précipités de quatre ou cinq mille mètres, viendront se réduire, sur le sol, en bouillie et en fumée… à moins que d'ingénieux parachutes ne transforment leur descente en une agréable promenade.

Les escadres de l'air s'avanceront en ordre cubique, se mêleront en charges furieuses, feront retomber sur les campagnes une pluie de débris ensanglantés. L'horreur de ces luttes, qui obscurciront le soleil, dépassera tout ce que l'homme a connu. Et la flotte victorieuse, bientôt suivie, à quelques centaines de mètres du sol, par le convoi pesant des porteurs de bombes et de troupes, viendra s'abattre, comme un immense vol d'oiseaux de proie, sur le territoire du vaincu, jetant partout l'ombre, la mort et l'incendie.

III

Quittons ce domaine du vertige, pour redescendre sur les eaux.

SECONDE PARTIE

Elles seront le lieu de rencontre de trois races formidables : la chimère *hydravion*, accourant du haut du ciel pour se poser légèrement à la surface des Ilots ; une hydre, le *sous-marin*, qui n'émerge que par son œil périscopique ou son naseau respiratoire ; un monstre énorme, le *cuirassé*, protégé, sur ses flancs, sur son dos, sous sa coque même, par une lourde carapace.

La mer est prédestinée aux transports. Elle est la voie universelle. Le développement des peuples sur tous les continents la couvrira d'une foule innombrable de paquebots et de vapeurs de charge. Mais elle sera aussi le champ de bataille commun, où se joindront, aussi bien que dans l'air, les armées des Etats séparés par l'épaisseur du globe, où circuleront, en proie au vainqueur, les richesses du trafic international. La mer, étant par excellence le chemin des échanges commerciaux, doit être le lieu d'élection de la guerre. Elle offre enfin passage à l'invasion militaire par-dessus les océans. Le transport aérien des troupes est forcément borné aux hommes et au matériel léger. Le matériel lourd devra emprunter la voie maritime.

Bien que leur tâche première dans l'ordre chronologique soit en général la lutte contre leurs similaires, les forces navales ont toujours eu pour capacité essentielle d'agir, directement ou non, sur les forces terrestres. La guerre actuelle aura montré leur immense utilité à cet égard. Par leur influence ont été possibles le transport des armées anglaises sur le continent, celui de nos coloniaux par-dessus la Méditerranée, l'attaque des Alliés aux Dardanelles, l'expédition allemande en Courlande, etc. Les canons de notre flottille de la mer du Nord ont interdit aux Allemands les dunes de la côte belge auprès de Nieuport. Ne parlons pas des expéditions coloniales, dont la plus importante fut celle du Japon à Kiao-Tchéou. Les flottes de l'avenir auront les moyens de jeter des millions d'hommes sur un rivage éloigné. On aura sans doute constitué le matériel de débarquement qui nous manque encore. Aux Dardanelles, on a fait un premier essai avec un grand vapeur, le *River Clyde*, dont les aménagements intérieurs avaient été détruits, de façon à transformer sa coque en une sorte de long tunnel. Lancé à grande vitesse sur la grève du cap Hellès, il vint s'échouer, de sorte que son avant touchât presque le rivage. On ouvrit alors, à ses deux extrémités, de larges portes préparées d'avance. Les chalands, les bâtiments porteurs de troupes l'accostaient comme un appontement. Hommes, voitures et canons le traversaient sans aucune peine et trouvaient ensuite un plan incliné qui les conduisait sur la terre ferme.

Les cuirassés se sont heurtés à des obstacles provenant des batteries de côtes, des mines flottantes et des sous-marins. Les insuccès résultaient, pour la plupart, d'une insuffisante appropriation du bateau à son action contre la terre. La division du travail n'a pas encore été poussée assez loin. On y viendra, par la force des choses. On séparera le bateau de ligne, consacré au combat naval, des batteries flottantes, construites pour agir contre les forts. Ces dernières n'auront pas besoin de grande vitesse. Il leur faudra de faibles tirants d'eau, qui leur permettront de s'approcher du littoral et réduiront les risques dus à la torpille. Un épais cuirassement sera nécessaire, au-dessus de l'eau comme au-dessous. On arrivera probablement au type portant un seul canon, du plus gros calibre qu'un bateau puisse recevoir.

Nous avons vu qu'à terre, on ne peut mouvoir sur les rails actuels des pièces d'un calibre supérieur à 45 centimètres environ. Un affût automobile sur route solide irait plus loin, peut-être jusqu'aux calibres de 50 ou 60 centimètres. Mais il faudrait des plates-formes fixes et bétonnées pour le tir.

Sur un flotteur, les pesées se répartissent uniformément dans la masse liquide, dont la résistance est indéfinie. On n'est arrêté que par celle de l'affût lui-même, c'est-à-dire du bateau. Là peuvent être réalisés les plus monstrueux chefs-d'œuvre de la mécanique homicide.

Le bateau-canon ne sera donc pas inférieur à la batterie de côtes, ni comme portée du tir, ni comme puissance du projectile. A égalité de force, il a été jusqu'ici victime d'un double désavantage tenant au danger mortel que lui font courir les moindres avaries sous la ligne de flottaison ou à son voisinage et à la facilité qu'a l'ennemi pour rectifier son tir. Car les obus, en tombant dans la mer, soulèvent des gerbes d'eau visibles à grande distance. Le premier inconvénient doit être atténué par la protection sous-marine, le second sera quelque jour entièrement supprimé par l'emploi des rideaux de fumée.

SECONDE PARTIE

Il y a là une méthode dont les premiers indices ont déjà paru, mais qui doit se développer considérablement pour assurer au feu des vaisseaux une supériorité décisive sur les forts. Le bateau se meut et il choisit son moment. Tels sont les deux avantages qui lui permettent de tirer profit de la méthode en question contre un adversaire immobile. Voyons d'abord le fait acquis : à plusieurs reprises déjà, il a été fait usage de rideaux de fumée, produits artificiellement, soit pour dissimuler des zeppelins, soit pour soustraire des bateaux au feu ennemi. Le 2 juillet, par exemple, près de l'île Gottland, des croiseurs russes poursuivaient une division légère allemande. Bientôt l'*Albatros* était gravement atteint. Les torpilleurs allemands, pour le dissimuler, l'entouraient d'un voile épais de fumée traînante. Une escadre, ayant le choix du jour et de l'heure, c'est-à-dire du vent et de l'éclairage, pourra donc s'approcher d'une côte, en se faisant précéder d'un rideau qui la masque complètement. Il est possible qu'en certains cas du moins elle conserve une vue du rivage suffisante pour fixer sa propre position et régler son tir par visée indirecte. Toutefois, la solution générale du problème tactique suppose, en principe, que l'assaillant sera maître de l'air et pourra se faire renseigner par ses avions sur les points de chute et sur les effets des projectiles. Elle suppose aussi l'organisation, qui ne se heurte à aucune impossibilité théorique, d'un tir indirect indépendant de toute vue du rivage. A terre, on atteint aisément un objectif caché, si l'on connaît son rapport géographique avec un autre point visible : on pointe sur celui-ci, au travers d'une hausse faisant, en vertu d'une correction calculée à l'avance, l'angle voulu avec la vraie ligne de tir de la pièce. Il s'agirait, dans le cas qui nous occupe, de réaliser, sur le bateau-tireur lui-même, un but fictif, dirigé d'après la carte et rectifié sur les indications de l'observation aérienne. Seulement, il faudrait le soustraire aux mouvements de roulis du navire et compenser les déplacements angulaires dus à la marche. Les propriétés du gyroscope en donnent les moyens. Il ne resterait plus au pointeur qu'à ramener sans cesse sa ligne de mire sur le but fictif et à faire feu au moment de la coïncidence.

Contre un bateau ainsi mobile et caché, les artilleurs des forts ne sauraient où tirer, tandis que les marins, connaissant par ailleurs la forme immuable des terres et leur propre position par rapport à elles, seraient toujours à même de tracer l'épure qui orienterait leurs coups.

Les mines et les torpilles sont aussi des adversaires redoutables du cuirassé. On sera pourtant, quand on le voudra, moins désarmé qu'on ne croit à leur encontre. Les mines fixes, reliées à une ancre par un câble, peuvent être écartées par une filière extérieure au bateau ; et d'ailleurs on les drague. Les mines flottantes, comme les torpilles automobiles, nécessiteront une protection plus gênante, mais réalisable. Aucune paroi ne résisterait au choc direct de leur explosion. La simple cuirasse sous-marine ne suffit donc pas. Il faut la faire précéder d'un matelas d'amortissement. Et pour que l'équilibre du navire ne soit pas changé, lorsqu'une grande partie de ce matelas sera défoncée par l'explosion et ouverte à l'eau, il semble indispensable que l'eau y pénètre en tout temps. Nous arrivons ainsi à envisager la protection par une couche d'eau, superposée à une cuirasse métallique.

Le problème consiste à faire exploser la torpille à distance de la vraie coque, sur une ceinture externe, écartée de deux ou trois mètres par exemple. Au lieu d'un filet Bullivant mobile, qui ne peut rester en place pendant la marche, le cuirassé portera une sorte de seconde coque en tôle. L'intervalle entre les deux coques sera en libre communication avec la mer. Ce système entraîne pour le bateau une augmentation de poids, de largeur et de frottement. Il oblige à faire des sacrifices sur la vitesse et à accroître les tonnages. Mais la sécurité vaut qu'on y mette le prix.

Ainsi équipé, on doit croire que le cuirassé subsistera. Ses raisons d'être sont de celles qui s'imposent. Il représente la force. Il joue sur mer, au milieu du peuple innombrable des navires, le rôle du policeman sur la place publique. Il commande la mer et le rivage ; c'est-à-dire qu'il les interdit ou les laisse ouverts aux transports de troupes, de commerce et d'approvisionnement des Etats belligérants. Ces instruments d'action appliquée, faibles par eux-mêmes, rechercheront toujours la protection d'escortes spécialisées. Les escortes se heurteront à des armées plus puissantes. Et l'unité qui dominera les autres unités navales aura le dernier mot. La maîtrise de la mer reste la condition préalable de toute entreprise maritime en temps de guerre.

L'ennemi le plus redoutable du vaisseau de ligne sera sans doute l'aéroplane, laissant tomber des bombes sur ses coupoles et ses ponts blindés. Là encore, la fumée, en couvrant le cuirassé, peut le sauver. Quant au sous-marin, rien n'autorise à penser qu'il fera disparaître son adversaire de la surface des mers. Beaucoup l'ont cru ; les hauts faits des sous-marins allemands ont exagéré l'estime où on le tient, peut-être un peu tardivement. Mais le principe du sous-marin est essentiellement défensif. Tout en lui se subordonne à la protection par l'eau ! C'est sur ce thème qu'il est construit. Et s'il conserve une valeur offensive, c'est que cette protection le soustrait aux regards en même temps qu'aux coups, et lui apporte ainsi accessoirement un élément actif : la surprise. Le cuirassé, au contraire, est l'application même du principe offensif. Il est fait d'abord pour porter des armes, canon et torpille, dans leurs meilleures conditions d'emploi ; il se protège ensuite du mieux qu'il peut, par des cuirasses de métal. Il bénéficiera toujours de la supériorité de l'offensive.

Le sous-marin est aujourd'hui, techniquement, en avance sur le cuirassé, aussi bien que sur les combattants de l'air : de là son succès momentané. Si, au lieu de 30 ou 40 sous-marins, les Allemands en eussent possédé dix fois plus, la mer nous était fermée. Certes les progrès en nombre et en puissance individuelle continueront : en particulier, on est loin de la limite de charge de la torpille. Mais il restera au sous-marin deux tares inguérissables : sa faiblesse et sa myopie. Elles le condamneront toujours à se cacher devant le cuirassé. Celui-ci trouvera des auxiliaires dans les aéroplanes à marche lente, s'il en existe jamais, ou dans des dirigeables spéciaux, au besoin s'accrochant à la surface marine par une ancre flottante. Des escadrilles aériennes le flanqueront à droite et à gauche, le précéderont, l'entoureront. On sait que le regard, plongeant verticalement, aperçoit les sous-marins en immersion. Une fois vus, ils seront suivis, et des torpilles plongeuses, tombant du ciel, iront les détruire sous les eaux.

Le progrès du mécanisme universel ne fera qu'accroître l'importance de la puissance navale. D'une part, la valeur des flottes de commerce et l'utilité du trafic maritime, d'autre part la force des expéditions de débarquement se développeront avec le mécanisme. Nous sommes dans une période où la capacité des transports par-dessus la mer ne correspond pas encore aux effectifs mobilisables. Mais ceux-ci sont voisins de leur limite extrême. Un peuple pourra quelque jour jeter sur une côte lointaine, d'un seul coup, toute son armée. C'est comme auxiliaire, ou si l'on veut comme intermédiaire de la guerre terrestre que la guerre maritime aura toujours son principal intérêt. La suprématie de l'action terrestre ne saurait faire de doute : par elle seulement on atteint la nation ennemie dans son sol et dans sa chair. Mais pourquoi opposer les deux formes de puissance militaire : elles sont destinées à s'appuyer l'une l'autre !

Nous ne pouvons pas oublier que le bateau a d'autres voies que les voies maritimes. Des sous-marins allemands circulent par les canaux belges. Sur l'Yser, nos canonnières ont joué leur partie dans le grand concert de mort. Les canaux se multiplient dans les pays à population dense. Ils ont leur place marquée pour donner passage aux chargements pondéreux. Le matériel de guerre les utilise avec avantage. Un seul chaland porte beaucoup d'obus ou de provisions. On n'a pas jusqu'ici créé de type de navire de combat spécialement fait pour les canaux. Il n'est pas dit qu'on ne préparera pas du moins des bateaux aisément adaptables aux conditions de la navigation intérieure et à son emploi militaire. Un rôle pour lequel les canaux offrent des avantages certains sur les chemins de fer est celui qui concerne l'évacuation des blessés, soustraits ainsi aux secousses des trains sanitaires. On pourrait doter des ambulances flottantes de tout le confortable nécessaire.

Des nombreux moyens de transport que nous venons de passer en revue, chacun a ses avantages, et tous serviront. Ils ne prêtent à comparaison que sur quelques points seulement. L'un est la vitesse ; nous en avons parlé. Un autre est la dépense : elle s'élève au maximum avec l'automobile de plein champ et surtout l'aéroplane ; elle tombe au plus bas avec le chemin de fer et surtout le bateau. Un dernier point a trait au nombre des hommes requis pour le service du mécanisme de transport, et par-là distraits des effectifs de combat proprement dits. Pour l'autobus, il faut deux chauffeurs par 30 ou 40 fantassins et un personnel d'entretien qui peut égaler une fraction notable du personnel de route. Les automobiles légers et les avions Sikorski ne prendront peut-être jamais que quelques passagers : une forte proportion de l'effectif serait ainsi consacrée à conduire le reste. Et nous ne savons si par ailleurs on réalisera le grand vaisseau aérien. Un chaland mené par deux hommes pourrait contenir une compagnie d'infanterie ; un train reçoit un bataillon, pour trois ou quatre mécaniciens, chauffeurs et serre-freins. Mais le service des voies retient du personnel. Il est vrai que c'est en partie un personnel féminin ou peu valide. Enfin, sur un navire de haute mer, la proportion de l'équipage aux troupes peut être de 5 à 6 pour 100.

IV

Le machinisme aurait suffi à transformer la guerre, quand bien même il ne se fût appliqué qu'aux transports. Mais les armes en ont aussi bénéficié. Les principales d'entre elles sont des machines et comptent parmi les plus merveilleuses que l'homme ait conçues. Nous ne les décrirons pas. Tout le monde connaît maintenant les traits caractéristiques du 75. Il constitue la solution la plus parfaite d'un certain nombre de problèmes mécaniques. Le canon est le grand maître de la bataille actuelle. Il rend impossible la progression des troupes en terrain découvert. Notre pièce légère peut tirer près de 30 coups par minute, Le nombre des pièces leur permet de couvrir tout le front, en y promenant un infranchissable barrage de feu.

Pour passer, il faut donc réduire au silence l'artillerie adverse. Là comme en mer, la lutte se décide d'abord entre spécialistes, et entre spécialistes de l'arme atteignant au maximum de force. Un premier duel a lieu entre les canons à longue portée. La supériorité sur ce terrain sera d'autant plus indispensable que la proportion d'artillerie lourde ira croissant. Le vainqueur pourra aussitôt s'assurer, dans la zone couverte par ses obus, la liberté d'action de l'artillerie légère. Et, dès lors, il y sera « maître de la terre. » Mais son succès sera retardé et limité par la résistance des tranchées. Rappelons que la question se complique aussi par l'intervention des aéroplanes.

Nos armées emploient des pièces de 20 calibres différons, dont 9 ou 10 appartenant en propre à l'artillerie de terre, le reste à la marine ou aux batteries de côtes. Les calibres s'étagent depuis le petit canon de 35 millimètres, jusqu'à l'obusier allemand de 42 centimètres, la « grosse Bertha. » Les portées de 5 kilomètres et demi pour le 77 allemand, de 6 et demi pour notre 75, de 10 kilomètres et demi pour le 105 allemand et de 12 et demi pour le nôtre atteignent 13 et 14 kilomètres pour l'artillerie lourde de campagne et de siège ayant de 130 à 150 millimètres de calibre. On sait que les mortiers et obusiers sont des bouches à feu courtes, envoyant avec une faible vitesse initiale, c'est-à-dire à petite distance, des projectiles volumineux, chargés de grandes quantités d'explosif. La trajectoire est très courbe et franchit ainsi les obstacles. La pièce se pointe à 42 degrés environ de l'horizontale. Les obusiers de 210 millimètres ou 280 millimètres portent à 8 ou 9 kilomètres seulement, le 420 millimètres à 14 au maximum, tandis que les canons longs de 305 millimètres louchent à plus de 25 kilomètres. Nous avons des 340 millimètres dont la portée est encore supérieure. La flotte anglaise emploie des 381 millimètres. Il existe enfin un canon allemand de côtes de 406 millimètres. Ce canon pèse 113 tonnes. On doit approcher de la limite des poids utilisables à terre. Mais des progrès dans la qualité du métal et dans la technique des poudres étendront certainement encore les portées. Il n'est donc pas exagéré de compter qu'on ira foudroyer l'ennemi à 50 kilomètres ou davantage. Un pays comme la Belgique ou.la Hollande, large de quelque 200 kilomètres, verra la moitié de son sol sous la gueule des canons étrangers pointés par-dessus la frontière.

L'obusier lourd allemand de 280 millimètres tire un projectile de 340 kilogrammes, contenant 17 kilogrammes d'explosif ; le projectile de l'obusier du Creusot du même calibre en contient 40 kilogrammes, bien qu'il ne pèse que 275 kilogrammes. L'obus de 380 millimètres de la *Queen-Elisabeth* arrive au poids de 885 kilogrammes, dont environ 100 kilogrammes d'explosif, le canon allemand de 406 à 940 kilogrammes. L'explosion de pareils engins, qui produiront les effets de véritables petits volcans artificiels, pulvérisera tous les parapets de béton et toutes les coupoles cuirassées des forts. Et la surface habitée qui, pour son malheur, tombera sous le feu des canons monstres, sera rasée et mise en miettes jusqu'aux fondations.

On a annoncé des torpilles aériennes, sortes de petits dirigeables chargés d'explosifs et mus, sur un parcours limité, par un moteur à air comprimé, par exemple. Il en existerait qui, grâce à un appareil récepteur de vibrations hertziennes, obéiraient à la direction des artilleurs qui les ont lancés. C'est la solution du problème de la télémécanique. On conduirait ainsi le projectile, comme avec la main, jusque sur l'ennemi. Tous les systèmes analogues, si séduisants en apparence, ont le même défaut : l'homme qui dirige doit voir. Il faut donc que la torpille soit bien visible et assez lente. Mais l'adversaire, dont elle s'approche, finira par la voir beaucoup mieux encore et pourra la détruire ou troubler son mécanisme de direction.

Alors que la grosse artillerie grandit, le petit canon diminue sans cesse. Le 75 est un admirable joujou. On fait plus mignon encore pour les autos. L'obusier de tranchée, nouveau venu dans la famille des bouches à feu, ne lire qu'à 300 ou 400 mètres. Le canon s'adapte à tous les besoins et à toutes les distances.

En même temps, il se multiplie. Quinze mille canons au moins s'alignent face à face le long de notre front pour un effectif total de cinq millions de combattants. On en est donc à une pièce pour un peu plus de 300 hommes armés. La proportion de l'artillerie ne fera sans doute qu'augmenter, et l'on arrivera peut-être à une pièce pour moins de 100 hommes. Mais il faudra toujours que la masse principale de l'armée soit composée par l'infanterie et réduite aux armes portatives. Notons que la proportion actuelle a déjà été atteinte avant la Révolution, avec des bouches à feu individuellement beaucoup moins puissantes.

En réalité, l'extension du machinisme sera plus grande encore, et l'on peut dire que la moitié des hommes finiront par être des sortes de canonniers, de vrais mécaniciens de mort : car le lance-bombes et la mitrailleuse, qui sont des armes de l'infanterie, constituent une véritable artillerie de tranchées.

Il existe des lance-bombes de différents modèles : les uns sont de petits obusiers très courts, se chargeant par la bouche et lançant une « marmite » ou un obus sphérique, le « crapouillot ; » les autres, analogues aux canons porte-amarres de la marine, lancent une espèce de flèche, coiffée à son extrémité, au dehors de la bouche du canon, d'une grosse bombe ou torpille aérienne. La flèche reste en arrière et tombe à petite distance ; la torpille franchit les quelques centaines de mètres qui séparent les tranchées adverses. Elle porte, dans une enveloppe mince, parfois plus de 60, près de

100 kilogrammes d'explosif.

La mitrailleuse ne tire que des balles de fusil, mais elle en débite, au besoin, 900 par minute. La meilleure allure est un peu plus modérée et correspond à 300 ou 400. Un mitrailleur vaut à lui seul 80 fusils. Nous sommes partis en guerre avec une section de mitrailleuses, soit deux mitrailleuses, par bataillon, les Allemands avec quatre fois autant. Nous-mêmes augmentons beaucoup notre armement. La mitrailleuse a la portée du fusil, de 2 400 à 4 000 mètres, suivant les modèles. En pratique, on ne gaspille pas ses munitions en tirant à grande distance, et c'est à moins d'un kilomètre, et le plus souvent presque à bout portant, qu'on utilise la terrible pompe à balles.

Comme le lance-bombes, la mitrailleuse doit être transportable à bras. Elle pèse une vingtaine de kilos. Il faut deux hommes pour la déplacer. On en garnit les angles des tranchées, les fortins improvisés ; on en flanque l'arrière des lignes, de façon à arrêter net toute offensive ennemie ayant réussi à franchir les premiers obstacles. Il semble que leur nombre s'accroîtra encore considérablement. On arrivera ainsi à une puissance totale de feu, c'est-à-dire à des besoins d'approvisionnement qui dépasseront de loin ce que nous voyons aujourd'hui et qui nécessiteront une immense organisation de convois et de moyens d'accès. Il faut cependant noter que le nombre croissant des pièces n'entraîne pas forcément une consommation proportionnelle. Souvent, il a pour principal effet de permettre une concentration dans le temps : on dépense en quelques minutes les munitions qu'on eût dépensées en quelques heures, parfois on en dépense moins ; elles sont employées simultanément, au lieu de l'être successivement ; le résultat, plus foudroyant, est plus complet, non pas plus coûteux. Les pièces se taisent plus longtemps : elles attendent leur heure et ne frappent qu'au bon moment. Mais il faut de plus grands stocks.

On est descendu plus bas encore dans l'allégement de la machine à tuer. On a fait un instrument plus maniable que la mitrailleuse, intermédiaire entre elle et le fusil, le fusil mitrailleur, qui est un fusil automatique. C'est la forme offensive de la mitrailleuse. Pesant sept ou huit kilogrammes, le double seulement du fusil ordinaire, se posant par le canon sur une fourche et s'épaulant, au besoin accroché à l'épaule dans un étrier, emporté par le tireur dans les tranchées ennemies, le fusil mitrailleur semble être le fusil de l'avenir. Il sera capable d'arroser le terrain d'un demi-millier de balles par minute. La difficulté étant de porter les cartouches et d'alimenter la machine, sans doute n'y aura-t-il qu'un fusil par deux ou trois hommes.

Sans doute aussi admettra-t-on une nouvelle réduction du calibre. En l'amenant de 1) à 7 millimètres, le fusil Lebel avait fait un pas hardi dans la voie de l'allégement, utile contrepartie du tir rapide. L'abondance des canons légers, comme notre 75, la puissance et la rapidité de leur action contre l'infanterie, la création peut-être d'une mitrailleuse de fort calibre, ne dispenseront-ils pas de l'emploi du fusil aux distances supérieures à 1 000 ou 1 200 mètres ? On pourrait alors s'en tenir à un fusil mitrailleur de 4 ou 5 millimètres de diamètre, peut-être moins, si l'on obtient un métal plus lourd pour la balle el de plus grandes vitesses initiales. On lancerait des fléchettes minuscules, ne produisant que de toutes petites blessures, anodines là où elles ne toucheront pas à un point vital, mais suffisantes pour mettre l'homme hors de combat. Le contact des lignes est de plus en plus rapproché. Deux armes nous ramènent presque à la guerre du Moyen Age : la grenade à main et la mine souterraine. Dans ce pullulement de machines qui s'annihilent les unes les autres, il est curieux de voir le dernier mot revenir à un projectile lancé à la main comme la pierre, arme des premiers hommes. La grenade est une boule chargée de mélinite, retenue au poignet par un bracelet qui arrache, au départ, le rugueux de l'étoupille. Elle se lance à quinze ou vingt mètres ; mais on peut aussi l'adapter à une flèche poussée par une cartouche spéciale dans le fusil d'infanterie. Elle parcourt alors 400 mètres. Les grenades sont faites dans les usines de l'intérieur. Sur le front, on en fabrique l'équivalent, les pétards ou « boites à singe. » Ce sont des paquets de poudre, amorcés avec des mèches lentes, au moment de lancer. Ils sont fixés sur des planchettes en forme de raquette.

La guerre de sape est tout aussi archaïque. Elle remonte, sous sa forme primitive, à la plus haute antiquité. Son importance nouvelle tient à l'inviolabilité actuelle des fronts défensifs en tranchée et à la force de nos explosifs.

Ne pouvant plus avancer à découvert, on avance sous terre, en poussant une galerie sous la ligne ennemie. C'est ce qu'on a toujours fait dans la guerre de siège, où les fortifications permanentes rendaient aussi les fronts inviolables. La parade consiste en une contre-mine, galerie dirigée vers la mine adverse pour la rendre inutile. Autrefois, on visait à déboucher dans la mine ; maintenant, il suffit d'arriver à son voisinage, de préférence en dessous : on peut agir à distance, par suite de la portée des effets d'explosion à travers les terres. Mais cette portée se limite à quelques mètres.

Pour savoir où creusent les sapeurs ennemis, on écoute. Les appareils microphoniques permettront sans aucun doute d'entendre mieux qu'on ne fait encore, et d'éliminer presque entièrement la part de surprise qui caractérise la guerre de sape. Là aussi, le génie individuel cédera le pas à l'effort réglé et à la préparation collective. Le succès dépendra des questions de masse et de mécanisme.

Un premier emploi du mécanisme sera de creuser les galeries. Avec le travail à la main, on avance d'environ deux mètres par jour. Il existe des machines perforatrices qui abattent les terres trois ou quatre fois plus vite, quand elles sont bien adaptées au terrain. Leur inconvénient est de faire du bruit. Pour le boisage des parois et l'enlèvement des déblais, on perfectionnera beaucoup le matériel. Comme il s'agit le plus souvent d'arriver à établir des mines avant l'adversaire, la vitesse est un élément de première importance. On n'y donnera donc jamais trop de soins.

Quand on n'a plus qu'à avancer d'une faible distance pour être au point d'installer le fourneau, on pratique parfois des mines forées, qui se font rapidement : on a des trépans ou des tarières qui tracent une petite galerie de forage de quelques centimètres de diamètre, où l'on pousse un pétard de dynamite. L'explosion de celui-ci donne une chambre. Voilà l'amorce d'une méthode de sape accélérée. La guerre souterraine n'est qu'à son aurore.

Elle nécessite déjà des dépenses énormes. Un fourneau de mine peut avoir deux buts : il est offensif ou défensif. Offensif, il doit faire sauter les terres jusqu'à la surface, en détruisant les troupes et leurs abris ; défensif, il ruinera une mine ennemie, soit en la faisant exploser prématurément, soit en obstruant la galerie en arrière de la chambré de mine, soit en ameublissant le sol devant le cheminement, ce qui le rond à peu près impossible.

SECONDE PARTIE

C'est ce dernier type qu'on appelle camouflet. Il lui suffit de charges modérées. Mais le fourneau offensif exige parfois 150 kilogrammes de mélinite. Une guerre comme la nôtre consomme chaque mois des centaines de tonnes d'explosifs souterrains. Il faut prévoir un très grand développement des opérations de ce genre quand on voudra forcer des tranchées solidement organisées et défendues par une artillerie qui ne se laisse pas réduire au silence, et qu'on ne pourra pas s'assurer la maîtrise de l'air.

Et peut-être en viendra-t-on, faute d'assez d'explosifs, à faire de la galerie rapidement et largement multipliée une simple préface à l'attaque directe par l'arme blanche à laquelle elle servira d'accès. Celle-ci n'a pas cessé d'être l'*ultima ratio* des combats. La lutte d'artillerie, l'explosion des mines, les rafales des mitrailleuses, le jet des grenades, ne sont, en dernière analyse, que des préparations. On finit toujours par en venir au corps à corps. La baïonnette a joué un rôle de premier plan. Elle a décidé le sort de beaucoup d'actions acharnées. Encore est-elle trop longue pour l'étroit champ de carnage des tranchées. Le fusil gêne nos grenadiers pour lancer leurs pétards, pour ramper entre les lignes, pour couper les fils de fer. On les arme plutôt d'un long poignard, d'un vrai « surin, » fixé à la ceinture. Si le fusil mitrailleur détrône notre porte-baïonnette, qui sait si une lance légère, s'attachant sur le dos, ne consacrera pas la séparation définitive des deux outils de mort. Il ne manque plus qu'un bouclier, pour que nous retrouvions le combattant de l'*Iliade*.

V

Passons sur les projections de liquide enflammé, poussé dans les tranchées par des pompes à incendie ; sur les fumées asphyxiantes et autres applications accessoires de la science à l'art de détruire. Le premier procédé n'a pas l'efficacité des torpilles aériennes ; le second suppose un vent favorable. Ce sont en particulier des vapeurs de chlore et de brome ou d'autres gaz que nous n'avons pas à désigner, qui sont lâchées en avant d'un front, de manière à former un nuage bas, roulant sur l'ennemi. On s'en protège avec des masques, filtrant les vapeurs au travers d'un tissu spongieux, imprégné par exemple d'hyposulfite de soude.[1] Tout produit

---
1 L'emploi le moins périlleux des vapeurs nocives consiste à les faire dégager des obus

pouvant être dangereux pour ceux qui l'emploient est d'un avenir limité. Et, s'il existe pour eux un moyen de préservation, l'ennemi ne manquera pas d'en faire usage aussi. Ne nous en fions pas aux artifices trop faciles. La défensive se développe en même temps que l'offensive ; elle répond à ses progrès par des progrès égaux, qui ne sont bien souvent que la conséquence des mêmes faits. Ainsi l'équilibre est en quelque sorte l'effet d'une loi fatale.

Mais cet équilibre n'est pas immobile. Il penche tantôt d'un côté, tantôt de l'autre, avant de revenir à l'équivalence plus ou moins parfaite. Or, aujourd'hui, c'est plutôt la défensive qui parait l'emporter. Voyez les tranchées : elles barrent tout le front d'un obstacle infranchissable. Jamais armées n'auront été paralysées en leur entier par des retranchements, comme sont depuis plus d'un an déjà celles qui se regardent par-dessus le front occidental. Et l'on va s'écrier : « La protection triomphe définitivement de l'attaque. » Il se trouvera même des gens pour ajouter que la guerre en va devenir impossible. D'autres enfin se demanderont pourquoi l'on ne s'est pas avisé depuis longtemps de ce pouvoir merveilleux des tranchées, qu'on était à même de creuser au temps jadis, aussi bien qu'à présent.

Si elles résistent victorieusement aux armes actuelles, qu'eût-ce été vis-à-vis des vieux fusils et des canons impuissants ? Et n'eussent-elles pas rendu invincible l'armée assez bien inspirée pour s'y abriter, il y a quarante ou cinquante ans !…

Tout le monde sait comment sont faites les tranchées. Il était facile en effet d'en établir. Est-ce seulement faute d'y penser qu'on a préféré la lutte de mouvement en rase campagne ? Nous ne déciderons pas cette question ; c'est affaire à de plus hautes autorités. Peut-être l'insuffisance des effectifs, en empêchant de barrer toute la ligne des frontières, rendait-elle la tranchée inefficace. Car le front fortifié risquait d'être tourné par les ailes. En tout cas, on se trompe en attribuant à la prépondérance de la protection inerte le phénomène auquel nous assistons.

Il coïncide au contraire avec une faillite de la protection. Les places fortes, où l'on avait accumulé les défenses les plus formidables, ont à peine tenu quelques jours, lorsqu'elles s'en sont fiées à leurs <u>remparts bétonnés et à leurs coupoles d'acier</u>. L'obus moderne lorsqu'ils explosent ; niais les masses dégagées sont alors insuffisantes.

à grande capacité d'explosif écrase tout, disloque tout. Aucun ouvrage permanent n'est capable de supporter son feu.

Cependant l'élan ennemi s'est brisé contre Verdun. Il n'a jamais pu franchir nos lignes improvisées de Belfort à Nieuport. Le retranchement résiste, et presque aussi bien quand il consiste en un simple sillon gabionné, mais profond, que dans ses plus orgueilleux bastions. Sa vertu n'est donc pas tant dans le bouclier qu'il forme que dans la puissance des armes qui s'y appuient.

Elle est dans les deux ensemble. Pourquoi ne peut-on franchir l'intervalle des lignes ? On le pouvait autrefois. L'élément nouveau, c'est l'impossibilité de progresser en terrain découvert sous le feu des balles. Le fusil à tir rapide et la mitrailleuse ont fait l'inviolabilité des tranchées. Celle-ci résulte des forces nouvelles et des faiblesses anciennes de la balle, qui ne laisse plus circuler personne hors de la tranchée, mais qui n'atteignait et n'atteindra jamais personne au dedans.

La guerre des tranchées, c'est donc la guerre des balles. On aperçoit déjà ce qui va y mettre fin : la guerre d'obus. Qu'il soit lancé par canon ou par avion, l'obus tue dans la tranchée ainsi qu'au dehors, mais moins bien. Ses effets sont limités par les traverses pare-éclats. On arrivera sans doute à projeter des gerbes linéaires d'éclats tombant de haut, plus efficaces contre ces hommes enterrés en autant de trous séparés. Une pluie de fléchettes, longeant le front, ferait encore mieux l'affaire.

Déjà, néanmoins, l'artillerie rend les simples tranchées parfois intenables ; elle empêche les rassemblements en arrière qui permettraient des assauts de vive forcée Si l'artillerie était protégée des obus par ses épaulements ou son défilage comme le fantassin des balles par son talus, la situation n'aurait d'autre issue que celle de la guerre de mines, qui est lente.

Mais l'artillerie détruit de loin l'artillerie et tout se résout en un duel de bouches à feu, premier acte nécessaire avant que l'obstacle des tranchées puisse être levé. Il le sera ensuite aisément, quand une des deux artilleries aura nettement triomphé. L'intérêt offert par la tranchée est de retarder obligatoirement la décision jusqu'après le duel d'artillerie.

La durée de cette phase préalable est plus ou moins longue. Les petits calibres, qui s'adressent de près un grand nombre de coups, se réduisent aisément au silence : une batterie repérée est détruite ou obligée de déloger. Au contraire, les gros canons, tirant de loin, ont peu de chances de se toucher réciproquement : une pièce est un but trop précis pour un tir à 20 kilomètres. Leur entrée en ligne est donc une menace d'immobilisation des fronts. Il faudra que la petite artillerie à tir rapide soit assez multipliée pour faire son œuvre en bravant leur feu et charge sur eux jusqu'à la distance où ils tomberont sous le sien. Mais leur mise hors de cause sera surtout la tâche des escadres aériennes.

Ainsi nous savons maintenant que la puissance de la défensive est principalement due à l'emploi des armes offensives. Ce qui rend inviolable une ligne de tranchées, c'est le nombre des mitrailleuses qui y sont abritées pour empêcher de rapprocher et de celles qui, plus en arrière, empêchent de la dépasser ; c'est la rafale d'obus qui brise l'assaut ennemi avant qu'il soit à portée ; ce sont les obusiers et canons lourds qui écartent l'artillerie légère adverse. Le rôle de la fortification n'est cependant pas négligeable. Et sa technique se perfectionne. Les tranchées elles-mêmes, d'abord, qui couvrent contre la balle, sont soigneusement boisées, parfois renforcées de longrines en fer, munies de traverses pour arrêter les coups d'enfilade, articulées à des fortins. On les installe confortablement, on épuise l'eau. Contre la vue des observateurs, on organise des couvercles en planches et en branchage ; on se dissimule complètement. Enfin on bétonne la paroi, pour la rendre plus résistante aux coups de l'artillerie moyenne. Puis voici les abris souterrains, parfois aménagés dans des caves ou des carrières, souvent pratiqués en pleine terre. On en vient à bétonner leur plafond. C'est une nouvelle guerre qui commence, la guerre des catacombes. On y installe, en galerie, des chambres pour les états-majors, des salles de repos, des ambulances de première ligne, des dépôts de munitions, et de vivres, des pièces de réserve, etc.

Avant de quitter la tranchée proprement dite, signalons quelques-uns de ses auxiliaires. En premier lieu, le fil de fer. Il en est devenu inséparable. Toute tranchée est précédée d'un réseau quelquefois multiple de fils de fer barbelés tendus au-devant d'elle. Pour passer, ou bien il aura fallu qu'un véritable orage d'obus ait réussi à opérer des destructions à peu près complètes, ou bien les assaillants

SECONDE PARTIE

devront, sous les balles, couper le fil de fer avec des pinces. On commence à intercaler dans les réseaux des poutres de bois ou des fer à T. Contre les grenades, on se couvre encore de panneaux de toile métallique.

Derrière tous ces abris, l'homme est relativement protégé, mais il ne pont se montrer aux créneaux pour tirer sans s'exposer. On a donc inventé le périscope de tranchées, instrument d'optique comprenant un oculaire qu'on peut faire émerger au-dessus du parapet et un système de miroirs ou de prismes renvoyant l'image par en bas. Il ne resterait plus qu'à adapter au fusil lui-même un pointage indirect par périscope pour faire disparaître complètement le combattant.

Le boyau est une tranchée d'accès, non de combat. Il met en communication les parallèles : c'est l'artère de circulation. On ne peut passer que par là. En bien des endroits, il faut s'y traîner à plat ventre. Des kilomètres de boyaux sillonnent la double zone de front organisée en chaque point de contact.

La guerre d'abris utilise naturellement les maisons. Au XVIIIe siècle, les armées s'écartaient avec soin de tout lieu habité qui eût rompu leur ordre rigide et favorisé l'indiscipline. Nous recherchons, nous autres, les villages. Une maison devient bientôt un petit fort. Les caves, surtout, à l'épreuve du canon moyen, servent de point d'appui à une forte résistance ; on les relie de maison en maison ; on les creuse encore ; on gabionne les soupiraux, qui ne laissent plus passer qu'une gueule de mitrailleuse.

La tranchée a son système nerveux, le réseau téléphonique. Par lui, isolée quelquefois des heures durant, elle reçoit des ordres et fait connaître sa situation. On lui annonce les attaques imminentes. Elle désigne des buts à l'artillerie.

Il existe une machine à creuser les tranchées, ou plutôt une charrue mécanique destinée à faire des canalisations. C'est en Belgique qu'elle a été inventée : les Allemands s'en sont emparés pour l'appliquer à la guerre. En une minute, la machine excave un fossé d'un mètre cube. En terre favorable, elle peut avancer ainsi de plus de 100 mètres à l'heure, alors qu'il faudrait une équipe de 200 hommes pour obtenir le même résultat à la pioche. Comme instrument militaire, elle offre toutefois le grave inconvénient d'être très vulnérable et de ne pouvoir suivre qu'avec une grande lenteur le mouvement des armées. Elle ne peut servir qu'à l'arrière des lignes de combat pour les tranchées préparées d'avance. Mais si c'est là une exception dans le passé, cela tend à devenir la règle générale dans l'avenir prochain. La machine à creuser aura donc sa large application.

Le front franco-belge, à lui seul, représente un développement de 950 kilomètres. On a relevé à de certains endroits, rien que du côté allemand, trente-deux lignes de tranchées parallèles. Ajoutons-y les boyaux et nous ne pourrons pas estimer à moins de 40 000 kilomètres la longueur des fossés ainsi creusés. Les guerres futures en feront-elles un moindre usage ? L'élargissement des sphères d'opérations, l'ampleur des transports, la grandeur des effectifs sont des raisons pour en douter. Tant que la tranchée aura sa valeur défensive, il faudra pouvoir s'en servir dès la première heure des hostilités, pour appuyer les troupes de couverture et attacher au sol les forces chargées de tenir sur les secteurs défensifs. Dans la phase d'organisation où nous sommes entrés, on prépare tout à l'avance. L'agresseur veut donner son effort maximum aux premiers jours de la lutte. Il faudra que son adversaire soit prêt à le recevoir en n'ayant plus rien à improviser. Ou se sera prémuni de tout ce qui peut être fait d'avance.

Nous sommes donc amenés à supposer que, dès le temps de paix, des lignes de tranchées seront établies devant les frontières, avec tous les perfectionnements possibles. De quel avantage ne nous eut pas été un semblable système de retranche-mens au lendemain de Charleroi, pour barrer momentanément la route à l'envahisseur et nous permettre de reconstituer nos forces sur la Somme, et non sur la Marne !

Essayons de nous figurer la forme parfaite d'une telle organisation. Une sorte de rempart entourant un pays entier se renforce d'épaisses murailles de béton armé, de lourds masques d'acier, de pilastres, de talus. Le réseau de fil de fer en permanence tendu sur les glacis est un véritable et inextricable tissu, composé pour partie de bandes de toile métallique barbelée. Il se développe sur un terrain miné et suivant un tracé savant, avec des forts aux angles et des feux d'enfilade. L'artillerie lourde est partiellement en place et des plates-formes sont préparées pour le surplus. Des groupes de mitrailleuses restent sous des abris en casemate, de distance en distance, ou bien, réunis à l'artillerie légère, se tiennent prêts à franchir instantanément les quelques kilomètres qui les séparent de leurs postes. Ceux-ci ont été fixés d'avance, ainsi que la disposition des troupes d'occupation, dans les deux ou trois hypothèses correspondant aux plans les plus probables.

Pour tenir des lignes aussi formidablement organisées, il suffit sans doute d'une forte troupe de couverture ; elle doit être assez nombreuse pour mettre en action les principaux moyens de lutte, car la puissance défensive de la tranchée est active, non passive. Les masses de manœuvre seront produites par la mobilisation. L'étendue des frontières est assez grande pour exiger en permanence la presque totalité de l'armée active. En cas de tension politique sur un seul front, les garnisons des frontières non menacées serviront de noyaux aux réserves. Par conséquent, en temps de paix, toutes les troupes tiendront garnison sur lus lignes de tranchées, les détachements se relevant à la garde effective, à l'inspection et à l'entretien des ouvrages, le surplus concentré à proximité. C'est le service des places appliqué à l'ensemble du territoire national. En arrière et dans le corps du pays, il ne reste que des organes de recrutement et de commandement : dépôts, magasins, centres d'état-major, noyaux de police intérieure, etc. ; mais plus de garnison proprement dite.

Nos tranchées étant habitées à poste fixe, les modestes abris des premiers temps sont devenus des casernes casematées, profondément enfoncées en terre, à l'épreuve de l'obus comme de la balle. On y trouve tout le confort compatible avec cette situation. Elles communiquent par le réseau des boyaux, qui sont maintenant des tunnels, donnant sur l'extérieur seulement par leur débouché dans les tranchées et par des orifices de ventilation. Ainsi rien n'offre prise aux coups de l'ennemi aérien. Peut-être même les tranchées sont-elles couvertes sur la plus grande partie par des plafonds bétonnés, ne laissant que des meurtrières pour tirer et des sorties, d'espace en espace, pour déployer les troupes à ciel ouvert.

Ces boyaux se ramifient comme les branches d'un arbre. Dans chaque secteur, les plus éloignés du front se réunissent en un tronc commun, qui les met tous en communication avec le réseau des chemins de fer. Ils sont l'aboutissement des lignes stratégiques destinées à l'alimentation du système entier. Il importe extrêmement que les voies ferrées voisines soient à l'abri des coups et même des vues, pour qu'on ignore les déplacements des troupes le long de la frontière : concentration d'attaque, passages de renforts, etc. Les terminaisons au moins des chemins de fer et la voie parallèle aux tranchées sont donc aussi pratiquées en tunnel, et se raccordent avec les boyaux proprement dits.

Dans ces milliers de galeries l'air est poussé par des ventilateurs, la pensée portée sur des fils téléphoniques, la lumière et la force sont distribuées par une canalisation d'électricité alimentant les lampes intérieures, les projecteurs, les pompes d'assèchement, les appareils des ateliers de secours, les machines perforatrices, les locomotives des convois sur rails, les cuisines souterraines, etc. A mesure que les sapeurs développeront en avant des rameaux d'attaque, ils y étendront ce réseau des courants de force et d'éclairage.

Ils y conduiront aussi les canalisations d'eau et de fumée. Les inondations volontaires ont joué un rôle inoubliable dans les Flandres : elles ont rendu infranchissable la ligne de l'Yser. Les ressources de l'industrie future permettront sans doute d'organiser en grand, sur toute la surface des régions frontières, sinon toujours des inondations durables, difficiles en pays accidenté, du moins des chasses d'eau d'une extrême puissance. On entretiendra dans les montagnes d'immenses réservoirs sans cesse remplis. Ils communiqueront avec la zone de défense par d'énormes conduits. On déversera de même, au besoin, des rivières à des centaines de lieues de leur lit habituel. Enfin, des tranchées pourront partir des jets de pompe ou des ruisseaux artificiels destinés à ruiner les tranchées adverses. Qui sait si l'eau ne sera pas le pire ennemi de la tranchée ?

Quant aux fumées, no.us avons vu leur usage offensif ; on peut en tirer parti défensivement, pour se dissimuler aux regards de l'ennemi, pour l'empêcher de discerner l'emplacement des batteries et de voir porter ses coups. Dans ce cas, on n'a pas à faire emploi de fumées asphyxiantes, mais simplement opaques ou demi-opaques. On s'efforcera de les faire stationner soit en avant, assez loin pour couvrir ce qu'on veut cacher, mais assez près pour laisser des vues à nos propres observateurs, soit en l'air, comme un rideau tendu entre la terre et les avions.

Les Allemands transportent aux tranchées de première ligne de lourds récipients qu'ils ouvrent, un vrai laboratoire de chimie homicide.

Une usine éloignée fournirait plus aisément les produits voulus, par l'intermédiaire de tuyaux souterrains. Dans la guerre de mines, évidemment très développée outre ces systèmes de catacombes, les gaz délétères constitueront une arme des plus dangereuses. En quelques heures, un tube métallique à pointe d'outil aura foré son passage. Il pourra venir de loin percer dans une sape ennemie, par un trou gros comme le doigt, en y chassant un courant de mort, qui remontera de galerie en galerie.

Alors, on regrettera nos beaux combats au grand soleil. La mort sera noire, étouffée : celle du mineur dans un coup de grisou. Du plus haut du ciel au plus profond de la terre, se superposent les visions d'épouvante. La guerre d'hommes, péniblement, se poursuivra dans la fange, au ras du sol, entre une guerre d'abeilles, les avions, et une guerre de termites, les sapeurs. Sous un ciel obscurci et empuanti, traversé d'immenses vols destructeurs, dans le fracas de la mitraille, sur un terrain bouleversé d'explosions internes, le soldat mécanicien s'accrochera désespérément à cette terre oscillante. Il y poussera ses pièces sur des traîneaux à boue. Il y vivra dans le brouillard et la suffocation.

Et l'effort décisif s'accomplira peut-être dans les interminables tunnels par où des millions d'hommes, entassés dans l'ombre, descendront frapper l'industrie militaire de l'ennemi jusqu'en son cœur. Les fabriques de munitions et de matériel de guerre, les usines centrales de produits chimiques se seront terrées sous les flancs de quelque montagne. Et c'est là que se livreront les dernières batailles, entre l'eau précipitée du sol et le feu allumé par les mines sous les pieds des combattants. Lumières éteintes, dans d'étroits corridors, tout gluants de sang, on s'égorgera sans se voir ; il faudra percer les cadavres pour déboucher dans les avenues de la place souterraine, qui se défendra encore par la foudre et par le poison. Quelle horreur !... Si le génie de l'homme reste appliqué à l'art de détruire, la guerre deviendra plus effroyable que toute imagination. Dès que se soulève un coin du voile, l'avenir nous montre des spectacles à faire frémir. Et, cependant, qui oserait affirmer aujourd'hui que l'ère de la paix soit vraiment prochaine !...

En se retournant vers le passé, on voit qu'il a démenti tous les espoirs des bonnes âmes croyant toucher aux jours de justice sans violence. L'homme est toujours un loup pour l'homme. Est-ce demain qu'il va changer ?… Et l'on s'aperçoit aussi que l'industrie de mort a dépassé de siècle en siècle les prévisions des experts. Sous les doigts de l'humanité, en toute matière naissent des merveilles qui surprennent sa vue et sa pensée ; la plus importante encore des branches de production et des sources de profit, l'art de tuer, n'est pas un rameau qui se dessèche sur l'arbre du progrès : il reste en pleine vie, il paraît en pleine croissance. La guerre s'égalera sans peine aux rêves les plus audacieux.

ISBN : 978-1986481113

www.ingramcontent.com/pod-product-compliance
Lightning Source LLC
Chambersburg PA
CBHW070354230526
45471CB00006B/2571